青 少 年 的 成 功
父 母 教 导 孩 子 成 才 的 实 用 宝 典

孩子要知道的
人生哲理

Hai zi yao zhi dao de ren sheng zhe li

曹小会　编著

光明日报出版社

图书在版编目（CIP）数据

孩子要知道的人生哲理 / 曹小会编著 . -- 北京：光明日报出版社，2011.6

（2025.4 重印）

ISBN 978-7-5112-1125-5

Ⅰ．①孩… Ⅱ．①曹… Ⅲ．①人生哲学—青年读物 ②人生哲学—少年读物

Ⅳ．① B821-49

中国国家版本馆 CIP 数据核字 (2011) 第 066680 号

孩子要知道的人生哲理

HAIZI YAO ZHIDAO DE RENSHENG ZHELI

编　　著：曹小会

责任编辑：李　娟　　　　　　　　　责任校对：华　胜
封面设计：玥婷设计　　　　　　　　责任印制：曹　净

出版发行：光明日报出版社
地　　址：北京市西城区永安路 106 号，100050
电　　话：010-63169890（咨询），010-63131930（邮购）
传　　真：010-63131930
网　　址：http://book.gmw.cn
E - mail：gmrbcbs@gmw.cn
法律顾问：北京市兰台律师事务所龚柳方律师

印　　刷：三河市嵩川印刷有限公司
装　　订：三河市嵩川印刷有限公司
本书如有破损、缺页、装订错误，请与本社联系调换，电话：010-63131930

开　　本：170mm×240mm
字　　数：205 千字　　　　　　　　印　　张：15
版　　次：2011 年 6 月第 1 版　　　印　　次：2025 年 4 月第 3 次印刷
书　　号：ISBN 978-7-5112-1125-5-02
定　　价：49.80 元

前　言

　　西方有句民谚"三代出贵族"，说的并不是财富的积累需要如此长的时间，而是强调培养与塑造一个行为处事、说话办事都很得体的人，并非一朝一夕可以实现的，有时甚至需要几代人的努力。

　　在人的一生中，孩提时代是可塑性最强，也是接受意愿最强的时期。由于他们还缺乏人生阅历和判断能力，所以这一时期所接受的观念、受到的影响，无论好坏都会对他们以后的成长起到关键的甚至是决定性的作用。也正因为如此，家长和老师总是千方百计地通过各种方式给孩子摆事实、讲道理，生怕他们走弯路、走错路。一个简单的故事可以让孩子领悟意味深长的哲理，从而影响他的一生；一个深刻的哲理可以给孩子以醍醐灌顶般的人生启示，从而改变他的命运。学习先贤智者的人生经验，站在巨人的肩膀上，孩子们就能以最简捷的方式，用最短的时间开阔自己的人生视野，树立正确的人生观和价值观。

　　《孩子要知道的人生哲理》是一本专门为孩子量身打造的人生哲理书。生活智慧、学习方法、处世哲学等所有和孩子成长密切相关的人生经验，都浓缩在几十个妙趣横生而又发人深省的故事中。本书通过"讲故事"这种最适合孩子的

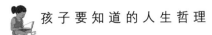

说理形式，启发孩子在快乐阅读中积极思考，引导孩子学会判断是非的准则，掌握成功人生的规律。

成长的路上，有一位知心的人生导师，对每个孩子来说都是一件幸运的事，《孩子要知道的人生哲理》，帮助老师和家长为孩子点亮智慧的灯，照亮人生的路。

目　录

第一章　认识自我，点亮心灯

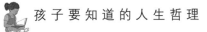

第二章　播下美德的种子

第三章　心态比环境更重要

第四章　目标是人生的方向

第五章　为成功寻找方法

第六章　用慧眼观察世界

第七章　与人相处的秘密

第一章
认识自我，点亮心灯

跳蚤的故事

每个人身上都蕴藏着惊人的潜力，成功者的秘密在于发掘了这些潜力，而失败者却忽视了这些潜力。

在昆虫世界中，跳蚤算是最善于跳跃的一种了，它的身长只有 0.5 ~ 3.0 毫米，体重仅有 200 毫克左右，但是它上跳的高度却可以达到约 350 毫米。这也就是说，跳蚤的跳跃高度可以达到其身长的 100 多倍。从身高与跳跃高度的比例上来看，跳蚤无疑是世界上首屈一指的跳跃健将了。跳蚤怎么会有这么强的跳跃能力呢？为了解决这一问题，一位大学教授决定对跳蚤进行一番研究。

经过整整一天的研究，教授没有找到问题的答案。到了下班的时候，教授就用一个 300 毫米高的玻璃罩把跳蚤罩住，以防止它逃跑。果然不出教授所料，不安分的跳蚤在当天夜里进行了无数次逃跑的尝试，但是每每跳到 300 毫米高的时候都会被玻璃罩狠狠地挡下来，渐渐地跳蚤开始怀疑自己的能力了，它不再做无谓的尝试，接受了自己只能跳 300 毫米高的现实。第二天一大早，教授发现了奇怪的现象，我们的跳跃健将的跳跃水平突然下降了，它至多只能跳 300 毫米高了。

这个变化引起了教授的兴致，于是教授决定和跳蚤开一个小玩笑。第二天下班的时候，教授用一个 150 毫米高的玻璃罩罩住跳蚤。经历了和昨晚差不多的尝试，跳蚤的信心又一次遭到了严重的打击。于是第三天的时候，教授发现跳蚤已经不能突破 150 毫米的高度了，晚上

教授又用了一个 50 毫米高的玻璃罩罩住跳蚤，不出所料，跳蚤的跳跃水平又降低到了 50 毫米。最后，教授干脆用一个玻璃板压住跳蚤，让跳蚤只能在玻璃板下爬行，结果拿掉玻璃板的时候，我们曾经的跳跃健将居然不知道怎样跳跃了，只能在桌面上爬行。

　　教授对不能跳跃的跳蚤失去了兴趣，转而去做其他的实验了。一次，教授在实验的时候，失手打翻了桌子上的酒精灯，酒精在桌子上流淌，火苗也随之蔓延开来。这个小小的事故对于跳蚤来说无疑是一场灾难，它拼命地在桌子上爬行，但是火苗的速度比它更快，就在火苗将要烧到跳蚤的时候，奇迹发生了，我们的跳跃健将猛地跳起，高度甚至超过了它以前的水平。恢复了健将本色的跳蚤，成功逃脱了"火灾"。

　　这一切都被教授看在眼里，他意识到跳蚤的潜力从来都没有失去过，它一旦发挥出来，结果将会让人感到震惊！

哲 理 启 示

　　在屡遭挫折的情况下，很多人对自己的能力失去了信心，不敢相信自己还有什么潜力。事实上，每个人身上都蕴藏着巨大的潜力，这种潜力一旦被发掘出来，将会爆发出惊人的能量。

　　很多同学也像跳蚤一样，在屡屡考出不理想的成绩后，就甘于所处的状态了，认为再多的努力也只是徒劳，不再去挖掘自己的潜能。其实这个时候，我们就需要给自己一点压力，有压力才有动力，让自己的潜力在压力之下爆发出来。如果你的英语成绩不好，而且屡屡尝试提高总是不能达到预期的效果，那么你就要给自己增加一点压力。比如下决心：如果英语成绩不实现突破，就不玩电脑，就不买新衣服等等。当然，下了决心，就要说到做到，否则，到头来还是难以提高。在这样的压力之下，你才能发挥出自己的潜力。

　　总之，无论遭遇多少挫折，我们都不能怀疑自己仍拥有巨大的潜力。

相信自己，只要勇于挖掘自身的潜能，并付出足够的努力，你一样能获得惊人的进步。

最好的学生

拥有自信，你才会拥有获得更大成功的勇气；没有自信，你将失去很多宝贵的机会。自信是迈向成功的第一步。

古希腊伟大的哲学家苏格拉底在风烛残年之际，预感到自己将不久于人世了，就想考验和点化一下身边的助手，这个助手平时的表现令苏格拉底比较满意，他常常有意把自己的知识传授给他。

苏格拉底把助手叫到床前，说道："我的蜡已经所剩不多了，但是我并不想让光亮就此熄灭，所以就得另找一根蜡烛接着点下去，你明白我的意思吗？"

"明白，"助手响亮地回答道，"您的意思是要把自己思想的光辉传承下去。"

苏格拉底点点头，慢悠悠地说："所以，我需要一个最优秀的学生，这个人不但要有超凡的智慧，更重要的是要有充分的信心和勇气，这样的人并不多见，你能帮我去寻觅一位吗？"

"当然，"助手谦恭地说，"您交代的事情，我一定尽最大的努力去完成，决不辜负您对我的信任和栽培。"苏格拉底笑了笑，闭上了眼睛。

忠诚而勤奋的助手没有食言，他不辞劳苦地通过各种途径去寻找，找到许多公认的才子。可是这些人一个个都被苏格拉底婉言谢绝了。转眼几个月过去了，苏格拉底的病情越来越重，看着弟子一次次无功

而返，他硬撑着病体坐起来，拉着助手的手说："这么长时间以来真是辛苦你了，看得出来你已经尽了最大的努力，但是你找来的那些人，其实远远比不上你……"

"您请放心，"助手诚恳地说，"就算找遍全国各地，找遍五湖四海，我也一定要把最优秀的人才挖掘出来，并举荐给您！"苏格拉底笑了笑，不再说话。

转眼半年时间过去了，苏格拉底已生命垂危，而最优秀的人选还没有敲定。助手泪流满面地坐在床边，非常愧疚地说："我实在是对不起您，让您失望了！"

"失望的是我，而对不起的却是你自己。"苏格拉底有气无力地闭上了眼睛，等了好一会儿才又痛心地说，"其实，在我的眼中，最优秀的学生就是你，但是你自己却没有足够的信心。是什么让你自己蒙蔽了自己，错过了机会？其实，每一个人都是最优秀的，关键是你如何去认识自己。"话一说完，苏格拉底就永远地闭上了眼睛，一代哲人带着最后的遗憾离开了这个他一直深切关注着的世界。

哲理启示

我们往往只看到了别人的能力，却忽略了自己的才华。在苏格拉底眼里，助手足以成为最优秀的传承者，所以有意进一步培养他。助手却因为自信心不足，没能通过最后一道考验，错失了一次宝贵的机会。

"每一个人都是优秀的，关键是你如何去认识自己。"苏格拉底用朴实的语言教育后人要看重自己，平凡的帽子不是别人给你戴的，是你自己给自己定制的。我们每个人都要认真地审视自己，千万不要看轻了自己。有的同学具有特殊的才华，却因为自卑的心理，而不敢展示出来，甚至刻意去掩饰。比如，小明的绘画能力很强，但是每次

出黑板报的时候，却不敢主动站出来去画插图，去做报头；小军的嗓音不错，但是在老师和同学们面前却张不开口，学校的文艺演出从不敢报名参加。小明和小军就像那位助手一样，因为自身的不自信，从而失去了锻炼自己的好机会。

正视自己的才能，把握住每一次机会。既然我们有当"人前花"的能力，何苦去做默默无闻的"人后草"呢？勇敢地展现自己，把自己最好的一面"秀"给大家看，在老师和同学们赞许的目光中，努力去尝试去获得更大的成功。

自己度自己

遇到困难的时候，首先要用自己的力量去解决，不能有依赖别人的思想。"自助者天助"，只有你自己才能解救自己。

从前有一个赶路的人在荒郊野外遇到了瓢泼大雨，这个人只好到一个破庙的屋檐下躲雨。正在愁眉不展的时候，突然看到观音菩萨正撑着雨伞从远处走来。他顿时像遇到了救星，赶紧喊道："救苦救难的观世音菩萨，普度一下众生吧，送我一段如何？"

观音听了，说道："我在雨里，而你在屋檐下，屋檐下并没有雨，所以你不需要我来度。"那人听了立即从屋檐下出来，站在雨水里说："现在我在雨里了，可以度我了吧！"观音摇摇头，说道："你我都在雨中，我不被雨淋，是因为我有雨伞；你被雨淋，是因为你没有雨伞。因此，不是我在度自己，而是雨伞在度我。你如果想被度，就应该找雨伞去，而不是来找我。"说完，菩萨转身就走了。这个人被菩萨的话弄糊涂了，他不明白为什么一向慈悲的菩萨不来帮助他，反而让他自己去找雨伞。

后来，这个人又遇到了麻烦事，于是他便到寺庙里来求菩萨。走进庙里的时候，他发现观音的像前还有一个人在拜，而且这个人长得和观音一模一样。这个人感到很惊奇，就问道："你就是观音菩萨吧？"跪拜观音的人回答道："没错，我正是观音。"这个人就更加奇怪了，又问道："既然如此，你为什么跪拜自己呢？"观音笑着说："我也

遇到棘手的事情，但是我知道，求人不如求己。”

哲理启示

　　命运掌握在自己的手中，别人的帮助或许能解决你暂时的困难，但是要取得进步，还需要你自己的努力。

　　现在的孩子大多是家中的“小太阳”、“小皇帝”，过着“衣来伸手，饭来张口”的生活。亲爱的小朋友，你觉得这样的生活有意义吗？这样只会助长我们的懒惰，使我们养成不好的习惯。所以，对于生活中力所能及的事情，我们要主动亲力亲为，在做事情的过程中，增强我们处理问题的能力，不断成长为自立自强的人。

　　学习上的事情，更不能让别人代劳了。书本上的知识，只有通过仔细地琢磨和钻研，才能真正被自己掌握和运用。遇到难解的题目，不能照抄别人的答案，虽然可以请求老师和同学的指点，但是事后一定要经过自己的消化和再吸收，确保掌握其中的窍门。只有这样，你才能在学习上不断取得进步。

　　俗话说“自助者天助”，意思是真正能够自己帮助自己的人，才是令人敬佩的觉悟者。强烈的信念会让他藐视困难，而顽强的毅力，则会让挑战在他面前不可思议地轰然倒塌，这个过程看起来有如神助。人只有不断地完善自我，不断提高自己的修养，才会像黑夜里闪闪发光的萤火虫，不仅照亮了自己，也能照亮别人，才能赢得别人的欣赏和帮助。机遇也会垂青于你，成功自然指日可待。这就是菩萨“自己度自己”的意思了。亲爱的小朋友，其中的深刻道理你明白了吗？

邹忌劝齐王

不要陶醉于别人的赞美声中，要正确客观地评价自己。如果一味沉醉于别人的赞美声中，就不能对自己做出正确的判断，影响自身的进步。

战国时，齐国的相国邹忌身高八尺多，体形和容貌非常漂亮。一天早晨，邹忌穿戴好华美的衣冠后，一面照着镜子，一面问妻子："我和城北的徐公相比，谁更英俊呢？"妻子随口答道："您是最漂亮的，徐公怎么能比得上您呢。"徐公是齐国著名的美男子，邹忌不太相信自己比徐公美丽，他又去问小妾："你说我和徐公哪一个更漂亮？"小妾喏喏地说："当然是您最漂亮了。"听了小妾的话，邹忌还是不敢确信。第二天，有一个客人来找邹忌商量一件事情，邹忌又问客人："你说实话，我和城北的徐公谁更好看？"客人笑着说："徐公不如你漂亮。"听了客人的话，邹忌还是将信将疑。

又过了一天，徐公来了，邹忌仔细端详着徐公，觉得徐公的容貌天下无双，自己不如他俊美。徐公走了以后，邹忌照照镜子，觉得自己远远不如徐公漂亮。既然如此，为什么妻子、小妾和客人都说自己更漂亮呢？晚上睡觉的时候，邹忌翻来覆去地想这个问题，最后他略有所悟："妻子说我漂亮，是她偏爱我；小妾说我漂亮，是因为她害怕我；而客人也欺骗我，是他有求于我，才来讨我的欢心。"

第二天上朝的时候，邹忌把这件事情讲给了齐王听，他说道："实

际上我确实不如徐公漂亮，但是妻子、小妾和客人出于不同的目的都来恭维我，如果不是我亲眼所见，我就不能知道真相。如今齐国方圆几千里，有120多座城池。皇宫中的妃子和您身边的近臣没有一个不偏爱大王的；朝廷里的大臣，没有一个不害怕大王的；全国所有的人都有求于大王。由此看来，大王整天听到的话很多都是恭维的话，您受到的蒙蔽程度就可想而知了！"

齐王听了邹忌的话，连连点头，立即发布命令："无论朝廷大臣、官吏还是普通老百姓，只要能当面指责我的过失的，将被授予上等奖赏；上书劝告的，给中等奖赏；在大庭广众之下指责我，而且被我知道的，就赐予下等的奖赏！"

命令发布出去以后，人们纷纷过来向齐王进谏，使齐王了解了许多重要的情况，并着力加以解决。几个月以后，来进谏的人已经很少了，一年以后，人们已经没有什么好进谏的了。国家也呈现出一派欣欣向荣的景象。燕、赵、韩、魏等国家看到这种情况，都来齐国朝拜。

哲理启示

对于自己，一定要有清醒的认识，别人的赞扬，或许只是蒙住你眼睛的美丽面纱。只有揭开这层薄薄的面纱，你才能看到真实的自己，对并不完美的自己加以完善，你才会取得进步。

邹忌并没有徐公漂亮，但是他的亲人和客人出于不同的原因或目的，可以置事实于不顾，使邹忌一直被虚假的信息所蒙蔽。如果邹忌没能亲眼看到徐公，就永远不会知道真相。由此，邹忌进谏齐王，促使齐王广开言路，最终造就了齐国的繁荣。

对于我们来说，生活中一定也会听到许多赞扬。家里面来的客人，可能会当着家长的面夸奖你勤快懂事，以后一定会有出息。你要知道，客人的话是对自己的勉励；在学校里，你取得一个小小的进步，博得

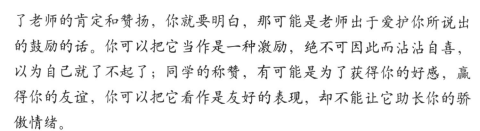
了老师的肯定和赞扬，你就要明白，那可能是老师出于爱护你所说出的鼓励的话。你可以把它当作是一种激励，绝不可因此而沾沾自喜，以为自己就了不起了；同学的称赞，有可能是为了获得你的好感，赢得你的友谊，你可以把它看作是友好的表现，却不能让它助长你的骄傲情绪。

　　怎样才能不被这些赞扬所迷惑？唯一的办法就是了解你自己，清楚自己的优点和缺点，及时勉励自己，只有这样才有可能获得更大的进步。

生命的价值

无论遇到多么艰难的情况，无论遭遇怎样的挫折和打击，记住，你还是你，并没因此而降低自身的价值，事实上，你永远不会贬值。

有一次，在一个大型的讨论会上，一个著名的演说家在台上准备演讲，他没有按常理先讲几句开场白，而是举起手中的一张100美元的钞票，向台下的200多名听众挥舞了一下，问道："我这里有100美元，谁要？"顿时，台下举起了一只只手。

演说家满意地点点头，说："谢谢大家这么热情，我打算把这张钞票送给在座的其中一位。"台下的观众都叫起来："给我，给我……"演说家示意大家静一静，笑着说："好的，我很乐意将这份礼物送给大家，但是在我送出钞票前，请允许我做一件事情。"说着演说家使劲把钞票揉成一团，然后他举起皱巴巴的钞票问道："现在谁还想要这张丑陋的钞票？"台下的观众不明白演说家的意图，他们哄堂大笑，仍然高举着手，叫着："我要，我要。"

"好吧，看来这张丑陋的钞票没有吓倒大家，它还能引起人们的兴趣。"演说家装作失望的样子说，"那么，如果我这样做的话，会是什么后果呢。"说着，演说家把钞票扔在脚下，又碾又搓，钞票已经又脏又皱，破损不堪了，演说家捡起钞票，问台下的观众："好了，这张可怜的钞票已经被我摧残的又丑又脏了，不过好像它还能用，那么现在谁还要它？"

台下还是有几个人，举起了手，喊道："我要，我要。"

演说家点点头，说道："好了，亲爱的朋友们，你们刚才看到了，这张可怜的钞票遭受了我两次野蛮的折磨，不过没关系，还是有人愿意接受它。为什么呢，因为它的价值没变，它的价值还是 100 美元，它能换来 100 美元的等价物。其实我们自己又何尝不像这张可怜的钞票一样，不断地遭受挫折，我们因为自己的选择和外在的逆境被不断地捶打、撕碎，有时候，我们自己都心灰意冷了，我们以为自己已经不值一文了。但是，亲爱的朋友们，你看钞票的价值根本没变，所以，无论以前发生了什么，或者以后将要遭遇什么，只要我们努力、不气馁，那么我们永远不会贬值，无论我们努力付出后，收获到的是多大的果实，我们本身都依然是熠熠生辉的宝石，那就是我们的天生才能，是我们的真正价值！因此，我们今天讨论的主题就是：什么是真正的价值！"

顿时，台下掌声如雷，这热烈的掌声正说明了大家对"真正价值"的认同。

哲理启示

生活中，挫折和失败总是不可避免的，谁都会有沮丧的时候。但是，无论发生什么样的情况，你都不能对自己产生怀疑，不能怀疑自己有创造奇迹的能力。因为无论什么样的悲惨境遇都不会掩盖你真正的价值。

演说家竭尽全力折磨那张可怜的钞票，但是观众对此却不以为意，这是因为钞票依然是钞票，它的价值并没有在摧残中损失，它依然是一张价值 100 美元的钞票。在学习上，你或许会经历许多次失败，但是千万不要沮丧地认为自己不是学习的那块料，每个人都有惊人的潜

力，你也不例外，之所以一直没有取得优异的成绩，是因为你的努力不够，或者是学习方法不正确；在学校里，总有一些同学比你更受大家的欢迎，你不要以为他天生就讨人喜欢，而自己则不是。出现这种情况，问题可能出在你的行为或性格上，只要加以改变，你同样会深受大家的欢迎，因为从本质上来讲，人和人大同小异，别人能够做到的事情，你同样能够做到。

总而言之，遇到的一切困难都不要怕，战胜这些困难正是你真正价值的体现。困难和挫折都不会使你贬值，你还是你，无论到什么时候，你的价值都不会变！

爱因斯坦的"镜子"

生活中，要树立正确的参照物，只有这样才能使生命之船永远行驶在正确的航道上。相反，如果盲目与别人作比较，你就有可能迷失前进的方向。

爱因斯坦小时候非常顽皮，整天和一些"不务正业"的孩子混在一起，学习成绩也很一般。母亲看到这种情况非常忧心，就三番五次地劝他好好学习。但是爱因斯坦不仅不把母亲的话放在心上，还常常反驳道："别的孩子都在玩耍，为什么我要去学习呢？我要和他们一样。"母亲说不过他，只能唉声叹气。就这样，爱因斯坦一直过着这样的生活，直到16岁那年秋天的一个上午。父亲讲的一个故事最终使爱因斯坦清醒过来，走上了正确的道路。

父亲讲的故事是这样的："昨天，我和咱们的邻居布朗大叔一起去清扫工厂里的大烟囱，烟囱很高，只有踩着里面的钢筋踏梯才能爬上去。于是，我和你的布朗大叔就顺着里面的钢筋踏梯爬了上去。布朗大叔在前面，我在后面，下来的时候，我们依然按照这个顺序。当我们钻出烟囱的时候，出现了一个有趣的现象：你布朗大叔的前胸、后背和脸上全都蹭上了黑灰，而我的身上竟然连一点烟灰都没有沾上。我不知道为什么会出现这种情况，也许是你布朗大叔打头阵的原因吧。事实上，刚出来的时候我们根本没有意识到这一现象，结果后来还闹出了一个笑话。"

说到这里父亲忍不住笑了起来："当我看到你布朗大叔的怪模样的时候，我并没有感到十分有趣，因为我心里想：'我一定也和他一样，脸脏得像一个小丑。'于是我赶紧跑到河边，用河水一遍遍地清洗我原本就很干净的脸。而你的布朗叔叔呢，他看到我钻出烟囱时一尘不染的模样，以为自己也像我一样干净呢，于是简单地洗了洗手，就大模大样地走上了街头。街上的人们看到他那滑稽的样子，纷纷大笑起来，而你布朗大叔却表现出一副莫名其妙的样子。"

爱因斯坦听到这里，也忍不住大笑起来。这个时候父亲突然严肃起来，郑重地说："你知道我和你布朗大叔犯了什么错误吗？我们都把彼此当作自己的镜子了，以为自己应该和对方一样，实际上却完全不是这样。在生活中，我们也不能老拿别人做自己的镜子，只有自己才是自己的镜子，否则天才也会把自己照成白痴的。"

听了父亲的话，聪明的爱因斯坦恍然大悟，于是他再也不用别的孩子作为自己的镜子了。他时时刻刻用自己作为镜子来审视自己，终于照出了光辉的人生。

哲理启示

每个人都有和别人不一样的追求，你不能用别人的行为来作为衡量自己的标准。如果盲目把别人当作自己的镜子，那么照出来的将是一个遗憾的人生。

爱因斯坦小时候以调皮的小伙伴作为自己的镜子，觉得他们可以肆无忌惮地玩耍，自己也应该像他们一样，结果成绩一直平平。可以想象，如果爱因斯坦一直抱有这样的观念，他也会像那些小伙伴们一样成为一个平凡的人，而不是一个造福人类的大科学家。爱因斯坦小时候所犯的错误，你是否也犯过呢？看到有顽皮的同学在课堂上捣乱，你是否也效仿了呢？当贪玩的小伙伴迷恋电子游戏或者漫画书的时候，你是否也理所当然地加入他们了呢？实际上，别人的所作所为，不应该是你也这样做的借口，除非你想做一个随波逐流、不求上进的孩子。

你是独一无二的，任何时候只有你自己才能是自己的镜子，那么还等什么呢？努力上进吧，现在就让我们看着自己的样子，沿着我们自己的成功道路，不断前进吧！

你是最伟大的

我们每个人都是这个世界上独一无二的奇迹，没有任何人或者物能够代替我们的位置。现在没有，将来也不会有。因此，我们完全不必长他人志气，灭自己威风，相信自己是最棒的！

爱睡懒觉的小花猫被太阳公公明亮而热烈的光线弄醒了，它打着哈欠，揉了揉干涩的眼睛，看到太阳公公高高悬挂在空中、放射出万道刺眼的光芒，世间万物全都笼罩在其中。在太阳公公面前，小花猫突然感觉到自己是那样的渺小，它忍不住感叹道："太阳公公，您真是太伟大了！"

太阳公公苦笑着说："我有什么伟大的呀，等一会儿乌云姐姐飘过来，你就看不到我了。"果然，不一会儿乌云姐姐散开乌黑的长发，把太阳的光芒全都遮挡起来了。小花猫站在乌云的阴影里，看到滚滚乌云一直连绵到天边，它由衷地对乌云说："乌云姐姐，就连太阳都被您遮住了，您真是太伟大了！"

乌云不好意思地说："你太过奖了，我也撑不了多久，风儿姑娘一来就会把我吹散，到时候你就知道谁是最伟大的了。"正说着，一阵狂风从东面刮来，不一会儿就吹散了乌云，天空又晴朗起来。小花猫躲在一垛矮墙下面瑟瑟发抖，一直等到风渐渐变得小了，才敢伸出头来。它充满敬佩地说："乌云姐姐说的没错，风姑娘您的威力真是惊人，您才是世界上最伟大的呀！"

风姑娘听了，显得有点不高兴，它生气地说："小花猫你是在嘲笑我吗？你躲在一垛矮墙下面，就可以轻而易举地将我拒之门外，我连一垛矮墙都吹不过，算什么伟大呀！"小花猫觉得风姑娘说的也很有道理，于是向风姑娘解释了一番后，毕恭毕敬地来到墙脚下，对矮墙说："墙大哥，您平时沉默寡言，没想到是深藏不露呀，那么厉害的狂风都拿您没有办法，您一定是世界上最伟大的了！"

矮墙皱皱眉头，十分悲伤地说："你看，我都摇摇欲坠了，还提什么伟大呀！一群小老鼠在我的下面打洞，马上就要把我掀翻了！"小花猫听了，往墙角一看，果然有几只神情慌张的老鼠瘫倒在地上。小花猫满脸狐疑地走过去，犹犹豫豫地对老鼠们说："这么说来，你们才是世界上最伟大的了？"

看着小花猫，老鼠们大气也不敢出，它们断断续续地说："您……您怎么能这么说呢？您是我们的克星，一看到您，我们就吓得站不稳，怎么能和您比呢？您才是最伟大的啊！"

哲理启示

每个人都是独一无二的，不必过分羡慕别人的光彩，其实你自己也有独特的价值。只要我们对自己充满自信，不断挖掘自身的潜力，生命的威力就会熠熠生辉！

看起来光芒万丈的太阳公公，其实它也有害怕的东西，而毫不起眼的小老鼠也有自己的威力。小花猫在夸赞别人的伟大时，最后居然发现自己才是最伟大的，而这一点是它万万没有想到的。

在班级中，有些同学可能会觉得自己处处不如别人，得不到太多的称赞与羡慕，还时常会羡慕成绩好的同学头脑聪明；羡慕体育棒的同学四肢发达；钦佩有文艺特长的同学光彩照人。虽然自己也有一些小优点，却不好意思表现出来，总是觉得那根本不值一提，他把自己

看作是一个十分平凡的人。我们都知道每个人都有其不平凡的一面，其闪光点可能隐藏在不为人知的地方，甚至自己都发现不了，比如你可能有一颗善良的心，你可能有正直的性格，你可能在写作文上颇有天赋，也有可能对计算机很有研究，等等。只要你能够意识到自己有着惊人的潜力，并愿意为自己的理想而努力奋斗，那么你就会发现自己的伟大！

骆驼和羊

　　一个人既要看到自己的长处，也要看到自己的短处，这样才能正确地认识自己。只有正确地认识了自己，才能取长补短，虚心学习，取得更大的进步。

　　骆驼和羊是一对好朋友，但是它们都对对方的特长不屑一顾，都认为自己的能耐最大。

　　一天，骆驼对羊说："喂，羊兄弟，你看你这么矮小，能干什么呀！而我这么高大，看起来威风凛凛的，能耐可比你大多了。"羊抬头瞟了一眼骆驼，没好气地说："块头大就了不起吗？我看长得矮一点才好呢！"骆驼和羊争吵起来，这种争吵对于他们来说简直就是家常便饭。但是，这一次骆驼不打算和羊再这样无谓地斗嘴了，它轻蔑地说："既然我们谁也说服不了谁，那么就做一件事情来证明谁最厉害吧，怎么样，你敢吗？"羊毫不犹豫地说："好，有什么不敢的，我正要证明矮比高好呢！"

　　于是，骆驼就带着羊来到一座果园的墙边。果园里种满了果树，茂盛的枝叶都伸出墙外了，骆驼一抬头就吃到了鲜嫩的树叶。羊见了非常着急，但是树太高，它把前腿举到墙上，把脖子伸得老长，还是够不到树叶。骆驼得意地笑着说："怎么样？羊兄弟，你还有什么话说，现在可以证明高比矮好了吧？"羊心里很不服气，但是又不知道怎样反驳骆驼，这时候它突然发现果园的墙角有一个又窄又小的门，门里

面是一片碧绿的草地。于是羊就大摇大摆地穿过去吃草了。骆驼见了，就跪下前腿，低头往门里面钻，但是只有头能钻进去，硕大的身躯怎么也挤不进去。羊看着狼狈的骆驼，挖苦道："高大的骆驼呀，你不是无所不能吗？怎么进不来了呢？现在你该认输了吧！"

骆驼和羊各胜了一场，谁也不认输，争论还是没完没了。一头老黄牛从旁边经过，听了它们的争论，就过来劝说："你们俩呀，就别争了。谁都有自己的长处，也都有自己的短处。只看到自己的长处，而看不到自己的短处是不对的。同样只看到别人的短处，而看不到别人的长处也是不对的。只有把长处和短处结合起来看，我们才能正确地认识自己和别人呀！"骆驼和羊听了老黄牛的话，才恍然大悟。

哲理启示

只看到自己的长处，而把自己的短处隐藏起来；或者，只看到别人的短处，而对别人的长处视而不见。这样不仅会让自己错误地认识自己和别人，还会影响自己健康成长。

高和矮各有自己的好处和不足，但是骆驼仅仅看到了高的好处，羊则只看到了矮的好处。两个自以为是的家伙，各执自己片面的观点，争论不休。最终，老黄牛所讲的一番道理，才让它们恍然醒悟。我们的生活中也不缺乏这样的人，他们总是把自己的优点或者成绩挂在嘴边，对于自己的缺点和不足却只字不提。比如，有一位同学的数学成绩很好，语文成绩很一般。每当讨论到数学难题的时候，他总是滔滔不绝，但是一说到语文，他就一言不发了，露出一副无所谓的表情。

我们既要看到自己的优点，树立起自信心；也要看到自己的缺点和不足，想办法加以改正。只有做到了这两方面，我们才能不断进步。

把头抬起来

> 贫穷并不可怕，可怕的是有卑贱的心理。无论我们处于什么样的困难境遇中，都要抬起头来做人。

一天，8岁的张静回到家里，认真地对妈妈说："学校里举办募捐活动，老师号召我们踊跃捐款。"说着，小张静把手中的募捐卡交给了妈妈。

妈妈没有说什么，从钱包里掏出一张5元的钞票放进张静的手中，然后在募捐卡上郑重地签下了自己的名字。张静握着手中的钱，脸上露出为难的表情，嘴巴张了张，却没有说什么。妈妈察觉到了张静的异样，就问道："有什么问题吗？"

张静低下头，断断续续地说："同学们捐的钱都是……都是……50元、100元的。"声音小得像蚊子叫一样。张静所在的学校是所谓的贵族学校，学校里的学生，要么是财大气粗的豪门子弟，要么是成绩出类拔萃的尖子生，很显然张静是属于后者。

妈妈略带失望地看着张静，轻轻地叹了一口气。看到妈妈的样子，张静有些委屈地说："我不是自卑，也不是想和同学们攀比。妈妈您是知道的，老师布置的每一次作业，我都完成得最好。这一次也算是老师布置的一次作业，我也想很好地完成。况且，这次募捐学校里进行了竞赛，现在我们班的募捐总额已经遥遥领先，我不想拖班级的后腿。"说着，张静又低下头，眼泪在红红的眼眶内打转。

妈妈轻轻地托起张静的下巴，看着张静含泪的眼睛，坚定地说："抬起头来，我相信你们同学都捐了很多钱，这是因为他们家里很富裕。我们要量力而行，虽然我们捐得少，但这其中的爱心分量是一样重的。"

第二天，他抬起头，挺着胸脯，认认真真地把募捐卡交给了老师。在老师当众宣读每一位同学的募捐数时，他也一直平静地坐着，并没有因为自己捐的钱少而感到不好意思。而且，老师和同学们对他也非常理解，虽然他捐的钱最少，但同学们依然用敬佩的眼神看他。

长大以后，张静一直牢记妈妈的教诲，只要心中有爱，就可以问心无愧地抬起头做人。

哲理启示

经济的快速发展，造就了越来越多的富翁，但同时也还存在很多普通家庭。在强烈的物质对比之下，金钱在人们心中所占据的地位越来越重要。令人感到悲哀的是，这种攀比之风甚至已经吹进了纯洁的校园。很多同学不思学习，却把更多的精力用在了斗富上，任美好的光阴和金钱白白地流走。

小张静在学校里是一个尖子生，却因为拿不出和别人一样多的捐款而感到难堪，妈妈的一席话，最终解开了张静心中的小疙瘩，让他明白了捐款的意义。这位伟大的母亲虽然是物质上的穷人，但在精神上却非常富有。她让孩子树立了正确的金钱观，让他知道，贫穷并不可怕，但是如果因为贫穷而丧失了爱心才是最可怕的。

亲爱的朋友，你的心中是否也有过像小张静那样的疙瘩，现在是否已经解开了呢？其实，作为一名学生，我们的任务就是好好学习，掌握真本领，将来去做一番大事业。贫穷不是一种罪过，也不是你的错；相反富有也不应成为你炫耀的资本，因为那些钱没有一分是你的汗水换来的。一切外在的物质条件都是可以改变的，不能改变的是我们自

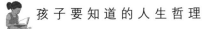

己的爱心，我们都是独一无二的，因此只要我们拥有爱心，完全有理由抬起头来做人。

用尽你的全力

你的全部力量绝不仅仅存在于你的躯体之内，遇到一己之力难以解决的难题，不要轻易地放弃，借助别人的帮助来达到目标，同样也是你的一种能力。

一天，父亲带着他7岁的儿子整理后花园，整理过程中遇到了一块深埋在泥土中的大石块，父亲有意趁这个机会教育一下儿子，就让儿子自己动手把大石块挪开。

孩子毕竟年幼，使出了吃奶的力气，石头还是纹丝不动。聪明的孩子灵机一动，想起了一个巧妙的办法。他先在大石块的旁边挖了一个洞，然后找来一根结实的木棍插入洞中，在木棍的下面再垫上一块小石头，使劲往上撬。但是，顽固的大石块仍然纹丝不动，很显然孩子的力量还不足以挪动大石块。于是无可奈何的孩子只得选择了放弃，回头告诉父亲自己无能为力。但是父亲一脸不相信的表情，他意味深长地对孩子说："你要用尽全力，只要你用尽全力，就一定能挪动石块！"

孩子将信将疑地来到石块前，把所有的力气都集中在手臂上，用力向下压木棍，小脸憋得通红，但是石块依然没有任何松动的迹象。孩子绝望了，一屁股坐在地上，大口地喘着粗气。他向父亲摇摇头，说道："我已经用尽全力了，还是不行。"

父亲和蔼地走到孩子身边，问道："你确定自己用尽全力了吗？"

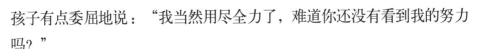

孩子有点委屈地说："我当然用尽全力了，难道你还没有看到我的努力吗？"

父亲摸摸孩子的小脑袋，紧盯着他的眼睛说："不，你还没有用尽全力！我就在你的身边，你还没有向我求助！很明显，只要有了我的帮助，你就可以挪动大石块。"

孩子望着父亲，满脸的疑惑。父亲接着说："知道吗，身边的朋友或者师长很愿意在你困难的时候伸出援手，有了他们的帮助，你就能克服看起来难以想象的困难。能力的边界不应是自我，所以我说你没有用尽全力！"

哲理启示

生活中，总有你一己之力无法办好的事情，这并不能说明你的能力无法达到目标，能够借助到的外在力量也是你能力的一部分，所以遇到难以战胜的困难，不要放弃，请用尽你的全力！

小男孩的父亲交给小男孩一个看起来不可能完成的任务，并反复告诫他："要用尽你的全力。"聪明的小男孩方法用尽，还是无法撼动大石块，他以为自己已经用尽全力了，打算理所当然地放弃这一任务。父亲的质疑让小男孩感到十分委屈，而听了父亲的话以后，小男孩才明白用尽全力的意思。通过一个小事例，父亲达到了教育小男孩的目的，而你是否也从中有所受益呢？

有太多的事情，你选择了放弃，因为依靠自身的能力你无法去完成它。比如，一道非常难解的数学题，一个无力挪动的东西等。不是你没有用心去做，你也曾尝试过多种方法，但是始终无法达到目的，像故事中的小男孩一样，你理所当然地选择了放弃。但是事实上你是完全可以解决这些问题的，比如：你可以向老师请教解题的方法，你可以向同学寻求帮助，他们都很乐意都助你。只要你用尽全力，再困难的事情也能圆满地解决。

拼地图的小孩

如果你想改变你的世界，改变你的生活，那么首先要改变的就是你自己，只有你自己改变了，生活才能因你而变。

孩子听了父亲的话，若有所悟地点了点头。

因为下午有一个布道会，牧师早早地就起床了，端坐在书桌旁，他想准备一篇精彩的布道词。但是，整整坐了两个小时，牧师还是没有写一个字，他满脑子都是那些陈词滥调，没有一句话不是以前重复说过很多遍的。牧师开始烦躁起来，他胡乱地在笔记本上画着杂乱无章的道道。

这时候，牧师9岁的儿子，可爱的约翰小朋友起床了。他非常活泼，只要他在屋子里，你就别想安静了。你看他，一会儿抱起电动手枪，"嗒嗒嗒"地打几枪；一会儿抱着玩具熊胡言乱语地嘟囔着；终于他安静地坐在电视机旁了，他在专心致志地看着动画片，哦，我的天哪，那电视的声音简直可以把屋顶掀掉。

可怜的牧师终于忍受不了了，他随手把一张世界地图撕得粉碎，然后把约翰叫了过来，"约翰，爸爸来和你做个游戏，你看我把这张地图撕碎了，只要你能把它重新拼起来，我就给你1美元，怎么样？"

约翰想了想，终于抵挡不住1美元的诱惑，就答应了牧师。约翰抱着那堆碎纸回到了自己的房间。牧师想：那幅地图就算一上午也别

想拼完，这下我可以安心地写布道词了。

　　但是，刚刚过了10分钟，约翰就来敲牧师的门，他兴奋地对牧师说："爸爸，我拼完了，给我1美元吧。"

　　牧师连头也没回就说道："你一定拼错了，回去再检查一遍。"

　　约翰坚定地大声说："我拼得没错，你看一下吧。"

　　牧师将信将疑地拿过地图，果然拼得丝毫不差，他不解地问约翰："你怎么拼得这么快？"

　　约翰得意地说："其实很简单，地图的背面是一张人脸画，只要把人脸拼起来就行了，只要人是对的，那么世界就是对的。"

　　牧师听了，小声地重复着："只要人是对的，世界就是对的。"忽然他兴奋地抱起约翰，对他说："谢谢你，小家伙，你为我想出了下午布道词的题目，它就是'只要人是对的，世界就是对的'。"

哲理启示

　　要想获得新的生活，就必须改变你自己。用积极的心态去面对这个世界，付出自己的热情和努力，那么你就会发现世界变了。

　　"只要人是对的，世界就是对的。"小男孩的意思是只要拼对了人脸，世界地图的拼法就是正确的。这句话听起来很简单，其实蕴涵着深刻的哲理。你是否能从中得到些启示呢？

　　英国一位主教的墓碑上曾刻下了这样一段话："在我年轻的时候，雄心壮志的我梦想有朝一日能够改变全世界；当我渐渐成熟了的时候，我发现改变世界的困难程度超过了我的想象，于是我把自己的目标定的更低一些，就改变我的国家吧！但是这似乎也不容易；随着岁月的流逝，我步入了迟暮之年，我什么也没有改变得了。在剩余的时间里，我希望自己能够改变我的家庭，改变我朝夕相处的亲人，但是他们根本不接受我的改变；直到临终之际，我才突然意识到：我能改变的只有我自己，如果我能早一些明白这个道理，也许我就可以通过改变自

己来改变家人，在他们的鼓励下，我也许能改变我的国家，甚至，我可能会实现最初的目标，改变整个世界！"

很多时候，你觉得整个世界充满了错误：自己没有过人的天赋，家庭条件也不十分富裕，甚至日复一日的上课、做作业、放学，也让你感到厌倦。如果你总是生活在抱怨里，生活依然会糟糕透顶。为什么不尝试着改变自己呢？让自己拥有更积极的心态，你会发现学习知识是一件有趣的事情，父母的疼爱让你倍感温馨，这样改变了你自己，整个世界就不再充满错误了，生活也变得美好幸福。

莫扎特与歌德

> 每一个人都应该努力根据自己的特长来设计自己、量力而行。

据说莫扎特 7 岁时在法兰克福市举行音乐会，一个 14 岁的男孩去了他那儿。

"你演奏得那么出色！我无论如何也不可能学得这样好！"

"为什么？要知道你完全可以，你试一试，如果不能成功，你再开始谱曲。"

"但是，我想写诗……"

"要知道，这是很有意思的，写好诗想必比作音乐困难些。"

"不是的，很轻松，你试一试……"

和莫扎特说话的是少年时的歌德。

哲理启示

很多时候我们紧盯着别人，总觉得自己走的路崎岖坎坷，而别人走的路才是康庄大道。固然，我们需要向别人学习，但为什么我们不追求自己的独树一帜，而总是亦步亦趋机械地模仿别人？为什么总是在重塑自己完善自己的时候忘记了自己的基础而丢失、分离自己呢？

不同的行业，需要的个人素质与才能也不同。比如：做一个杰出

的临床医生，必须具有很好的记忆力；研究理论物理学，抽象思维能力不可少；一个数学家没有必要一定具备实际操作、设计和做实验的能力，但这种能力对于一个化学研究者来说却是必不可少的；而天文学主要是一门观察科学，需要很好的观察能力、浓厚的兴趣和长久细致进行观察的毅力。人的兴趣、才能、素质也是不同的。如果你不了解这一点，没有把自己的所长利用起来，你所从事的行业需要的素质和才能正是你所缺乏的，那么，你将会自我埋没。反之，如果你有自知之明，善于设计自己，从事你最擅长的工作，你就会获得成功。

这方面的例子实在是太多了。

达尔文学数学、医学都呆头呆脑，一摸到动植物却灵光焕发。

阿西莫夫是一个科普作家，同时也是一个自然科学家。一天上午，他坐在打字机前打字的时候，突然意识到："我不能成为一个第一流的科学家，却能够成为一个第一流的科普作家。"于是，他几乎把全部精力放在科普创作上，终于成为当代世界最著名的科普作家。

伦琴原来学的是工程科学，他在老师孔特的影响下，做了一些物理实验，逐渐体会到，这就是最适合自己干的行业，后来果然成为一名有成就的物理学家。

一些遗传学家经过研究认为：人的正常的、中等的智力由一对基因所决定，另外还有5对次要的修饰基因，它们决定着人的特殊天赋，起着降低智力或升高智力的作用。一般说来，人的这5对次要基因总有一两对是"好"的。也就是说，一般人总有可能在某些特定的方面具有良好的天赋与素质。

汤姆逊由于"那双笨拙的手"，在处理实验工具方面感到很烦恼，因此他的早年研究工作偏重于理论物理，较少涉及实验物理，因此他找了一位在做实验及处理实验故障方面有惊人能力的年轻助手，这样他就避免了自己的缺陷，努力发挥了自己的特长。

珍妮·古多尔清楚地知道，她并没有过人的才智，但在研究野生动物方面，她有超人的毅力、浓厚的兴趣，而这正是干这一行所需要的。

所以她没有去攻数学、物理学，而是进入到非洲丛林里考察黑猩猩，终于成为一名有成就的科学家。

　　所以，每一个人都应该根据自己的特长来设计自己、量力而行。根据自己的环境、条件、才能、素质、兴趣等，确定前进方向。做一个成功者不仅要善于观察世界，善于观察事物，也要善于观察自己，了解自己。

想当孔雀的乌鸦

> 虚荣是虚妄的荣耀，是华而不实的表现，是无知无能的人最想依赖而实际上最依靠不住的心灵稻草。

有一只高傲的乌鸦非常瞧不起自己的同伴。它到处寻找孔雀的羽毛，一根一根地藏起来。等搜集得差不多了，它就把这些孔雀的羽毛插在自己乌黑的身上，直至将自己打扮得五彩缤纷，看起来真有点像孔雀为止。然后，它离开乌鸦的队伍，混到孔雀之中。但孔雀们看到这位新同伴时，立即注意到这位来客穿着它们的衣服，忸忸怩怩，装腔作势，并企图超过它们，大伙都气愤极了。它们扯去乌鸦所有的假羽毛，拼命地啄它，扯它，直到它头破血流，痛得昏死在地。

乌鸦苏醒后，不知该怎么办好。它再也不好意思回到同伴中去，想当初，自己插着孔雀羽毛，神气活现的时候，是怎样看不起自己的同伴啊！

最后，它终于决定还是老老实实地回到同伴们那儿去。有一只乌鸦问它："请告诉我，你瞧不起自己的同伴，拼命想抬高自己，你可知道害羞？要是你老老实实地穿着这件天赐的黑衣服，如今也不至于受这么大的痛苦和侮辱了。当人家扒下你那伪装的外衣时，你不觉得难为情吗？"说完，谁也不理睬它，大伙一起高高飞走了。

地面上只留下那只孤零零的梦想当孔雀的乌鸦。

哲理启示

这是一则教育人们不要贪图虚荣的故事。

虚荣是虚妄的荣耀，是华而不实的表现，是无知无能的人最想依赖而实际上最依靠不住的心灵稻草。

虚荣心是一种对荣誉、对社会地位的欲望。虚荣心强的人往往不惜玩弄欺骗、诡诈的手段来炫耀、显示自己，借此博取他人的称赞和羡慕，最大限度地满足自己的虚荣心。但是由于这种人自身素质低、修养差，经常是真善美与假恶丑不分，往往把无趣当有趣，将粗俗当高雅，打扮不合时宜，矫揉造作，不伦不类，使人感到很不舒服，甚至产生反感。故事中的乌鸦，就是因为贪图虚荣，盲目追求标新立异的效果，结果弄巧成拙，留下了笑柄。

没错，华丽的外表不会掩饰空虚的心灵。很难想象一个爱慕虚荣的人能有多大的成就，因为他们总是把一些浮在表面上的东西作为提高自己地位的条件，而不是扎实地生活和工作。

由于虚荣心具有许多负面影响，是一种扭曲的心理，它会遭到他人的反感和敌意，甚至批判，因此要尽量克服它。

要克服虚荣心，关键要树立正确的荣辱观，即对荣誉、地位、得失要持有一种正确的认识和态度。不可过分追求荣华富贵、安逸享受，否则就真的陷入了爱慕虚荣的泥潭。

达尔文的童年

　　一个人总会有自己的兴趣，兴趣就是最佳的发展方向，也是最好的老师。

　　有一个男孩，功课差极了，老师说他的智力有问题。看上去，男孩的确有些沉默寡言，他可以一个人坐在屋前的花园里看着花草小虫很长时间。他的父亲教训他："除了喜欢打猎、养狗、捉老鼠以外，你什么都不操心，将来会有辱你自己，也会辱没我们整个家庭。"

　　他的姐姐也看不起这个学习成绩平平、行为怪异的弟弟。他在家庭中是一个不受欢迎的人。

　　但是他的母亲爱他，她想如果男孩没有那些乐趣，不知道他的生活还会有什么色彩。她对丈夫说："你这样对他不公平，让他慢慢学会改变吧。"丈夫说："你这不是教育，你会毁了他的一生。"但她却固执己见，他是她的孩子，需要她的安慰和鼓励。

　　她支持男孩到花园中去，还让他的姐姐也去。母亲耍了一个小心机，她对他和他的姐姐说："比一下吧，孩子，看谁从花瓣上先认出这是什么花？"谁认得快，妈妈就吻谁一下。这对男孩来说，是多么令人兴奋的一件事，他回答出了姐姐无法回答的一些问题。他开始整天研究花园里的植物、昆虫，甚至观察蝴蝶翅膀上斑点的数量。

　　对于妻子的做法，她的丈夫觉得不可理喻，认为那种怜爱是无助无望的，除了暂时麻醉孩子之外，根本毫无益处。

但是，就是这位醉心于花草之中的男孩，多年后成了生物学家，创立了著名的"进化论"。他就是达尔文。

哲理启示

我们知道，只有充分发掘自身的优势，才能实现你所确定的奋斗目标。但这需要一个前提条件，那就是首先要问问你自己的兴趣所在。所谓兴趣，是指一个人力求认识某种事物或爱好某种活动的心理倾向。这种心理倾向是和一定的情感联系着的。"我喜欢做什么？""我最擅长什么？"一个人如果能根据自己的爱好去选择事业的目标，他的主动性将会得到充分发挥。即使十分疲倦和辛劳，也总是兴致勃勃，心情愉快；即使困难重重也绝不灰心丧气，而能想尽办法，百折不挠地克服它，甚至废寝忘食，如醉如痴。

很多人往往一时很难弄清楚自己的兴趣所在，或擅长什么，这就需要你在实践中善于发现自己、认识自己，不断地了解自己能干什么，不能干什么，如此才能取之所长、避之所短，进而取得成功。

作家斯贝克一开始并没有意识到自己会成为作家，曾几次改行。开始，因为他身高1.9米多，爱上了篮球运动，成为市男子篮球队队员。因为球技一般，年龄渐长，又改行当了专业画匠。他的画技也无过人之处，当他给报刊绘画时，偶尔也写点短文，终于发现了自己的写作才能，从此走上了文学创作的道路。

第二章
播下美德的种子

哲学家的最后一课

根除杂草的方法只有一种，那就是在杂草地里种上更多的庄稼；同样，对于灵魂里的杂草，我们只能用美德取代它！

果然，下午牧师的布道，受到了大家热烈的欢迎。

哲学家带着他的学生们去周游世界，10年之中他们到过很多国家，拜访了数不清的学者和专家，现在学生们个个满腹经纶，学有所成，于是哲学家决定带他们回家。

在进城之前，哲学家把学生们领到野外一处杂草丛生的地方，说："经过10年的游历，你们每个人都成了饱学之士，现在学业就要结束，让我们来上最后一课吧。"

学生们马上严肃起来，正襟危坐。哲学家问道："现在我们坐在什么地方？"学生们回答："旷野之中。"哲学家又问："旷野里有什么？"

"旷野里满是杂草。"

"对，旷野里长满了可恶的杂草，这堂课我们来探讨如何除掉这些杂草。"

听了哲学家的话，同学们倍感惊愕，他们完全没有想到，一向治学严谨以探讨人生真理为己任的哲学家，最后一堂课居然探讨这么简单的问题。

"老师，只要有一把铲子就足够了。"一位同学首先提出了自己

的见解。哲学家点了点头。

另一位同学说："用火烧也是一个好办法。"哲学家笑了笑，示意下一位同学发言。

"撒上石灰能够除掉所有的杂草。"第三位同学说道。

第四位同学接着发言："俗话说，斩草要除根，只有把杂草的根都挖出来，才能从根本上除掉杂草。"

……

等大家都发言完毕了，哲学家站起身来说："好了，今天的课就上到这里，回去后你们各自按照自己的方法除掉一片杂草，一年以后我们在此相聚。"

一年以后，学生们都回来了，他们原来上课的地方已不是杂草丛生，而变成了一片长满谷子的庄稼地。他们等待哲学家的到来，但是哲学家已经不能再来了。

哲学家逝世了。学生们在整理他的言论时，最后补上了一章：根除杂草的方法只有一种，那就是在杂草地里种上更多的庄稼。同样的道理，要想铲除灵魂里的杂草，只有用美德去占领它。

哲 理 启 示

哲学家的最后一课居然来探讨怎样去除地里的杂草。本来，学生们经历 10 年的游历，都成为学富五车的大才子了，哲学家没有必要再向学生们传授什么知识。他真正想让学生们明白的是：学富五车并不代表品德高尚，要想成为受人尊重的人，就要去除掉灵魂中的杂草，而这些杂草只能用美德来代替。

曾经有一位在德国留学的中国学生，获得了博士学位而且成绩优异。他想在德国找一份工作，然而，他连续到德国 20 多家大公司应聘，都没有成功。这个学生对自己的遭遇感到十分不解和委屈，像他这样的学历、智力和能力本应该是大公司争相礼聘的香饽饽呀！没办法，

他只好屈尊到一家小公司去应聘，没想到，这家小公司居然也不录用他。他再也受不了了，质问老板这到底是为什么。老板说："我们从你的历史记录上查出：你曾经三次在公交车上逃票！"这位博士非常不屑地说："不就是三张车票吗？"老板严肃地说："对不起，虽然你的学历很高，知识很丰富，但是这些并不能掩盖掉你三次逃票的劣迹。你的灵魂里有污点，长着杂草，请你把杂草清除掉再来吧！"

虽然文凭、知识、能力都非常重要，但是比它们更重要的是人的美德。我们从现在开始就要培养自己的美德，用美德来占据心灵，不给杂草一丝生存的空间。对于已经存在的杂草，就用美德去占领它，比如用大公无私来驱走狭隘和自私，用诚实来驱赶虚伪，用善良来挤掉丑恶等。

勤劳比黄金更宝贵

天下没有不劳而获的果实，也没有免费的午餐，要想得到你所梦寐以求的东西，就必须通过自己勤劳的双手去创造！

一天，一个独臂的乞丐来到一座豪华的庭院，向女主人乞讨。没想到以乐善好施而出名的女主人，居然毫不客气地指着墙角的一堆砖头对他说道："你把这堆砖头搬到院子后面去，我就给你钱。"

独臂乞丐听了，非常生气，他愤怒地说："你看不到我只剩一只手了吗？居然还忍心让我去为你搬砖。我向你乞讨，你想给便给，不想给就算了，何必这样戏弄我呢！"

女主人没说什么，立即俯身用一只手搬了一趟砖，然后说道："这并不是非要两只手才能干的活，我都能做，你为什么不能做呢？"独臂乞丐怔了怔，然后默默地俯下身去，开始一趟一趟地搬砖。

搬完砖后，女主人递给满头大汗的乞丐50元钱。乞丐接过钱，非常感激地说："谢谢您，夫人。"

女主人淡淡地笑了笑说："你不用谢我，这是你的工钱。"

独臂乞丐默默地鞠了一躬，就走开了。

过了几天，女主人门前又来了一位四肢健全的乞丐。这次，女主人把乞丐领到了院子后面，指着那堆砖头对他说："你把这堆砖头搬到院子前面，我就给你50元钱！"这个四肢健全的乞丐却满脸不屑

43

地走开了。不知道他是不屑那 50 元钱呢，还是别的什么东西。

儿子对母亲的举动非常疑惑，就问道："上次你叫乞丐把砖从院子前面搬到了院子后面，现在又叫人把砖从后面搬到前面，你到底想把砖头放在什么地方？"

女主人对儿子说："其实，砖头对我来说放在什么地方都无所谓，但是对于乞丐来说，搬与不搬就不一样了。"

几年以后，一位衣着光鲜、气度不凡的人来到了庭院。令人遗憾的是，近乎完美的人却少了一只手臂。来人见到女主人，立即深深地鞠了一躬，真诚地说："我是几年前搬砖的那个乞丐，如果没有您的教诲，我可能还是一个乞丐，但是现在，我是一家大公司的董事长。"

女主人仍然淡淡地说："这些都是你自己拼出来的，和我没有多少关系。"

那人又说："不管怎么样，是您向我道出了'勤劳改变命运'的真理，为了表达我对您的感激之情，我特地在城市里买了一栋别墅，恳请您和您的家人搬过去住。"

女主人笑着说："我不能接受你的馈赠。"

"为什么？"

"因为我们全家都是双手齐全的人。"

"夫人，您让我看到了什么是高尚的人格，但是那栋别墅是您应得的报酬，如果您不要，我不知道该怎样处理。"

哲理启示

砖头放在哪里并不重要，女主人要求乞丐搬砖头，是想让他们明白一个道理：财富只有靠自己的双手去创造才有意义，只有勤劳才能带来幸福美满的人生。第一个乞丐明白了女主人的良苦用心，他用勤劳为自己开创了新的生活。第二个乞丐不屑于劳动，或许他仍然过着乞讨的流浪生活。

　　看看我们周围的世界吧，高高耸立的大厦，满街跑的汽车，还有我们身上穿的衣服，手里用的文具，哪样不是人们用辛勤的劳动所创造的呢？没有劳动，就没有我们今天幸福的生活。古代的人们，用劳动创造了一个个伟大的奇迹，如：古埃及人建造的金字塔，我们的祖先建造的万里长城等等，这些都是歌颂劳动，歌颂劳动者的永恒丰碑！

　　对于我们学生来说，现在还没有能力通过劳动来为社会创造价值，但是我们可以勤奋学习。我们要想获得优异的成绩，要想成为未来合格的接班人，就必须从现在开始不懈地努力，用自己的勤奋去争取更多的机会。我们不仅要在学习上勤奋，在为人处事上也要不断地学习，去赢得更多的友谊，也锻炼出自己多方面的素质。

　　雨果曾说过："未来的世界属于两种人，一种是思考的人，一种是劳动的人。"其实，思考也是劳动的一种形式。所以，我们可以说未来属于勤劳的人。那么，让我们现在就开始培养自己勤劳的习惯吧！劳动就是美，劳动最光荣！

高僧训才子

骄傲自大只会让你止步不前；虚心学习，不断充实自己，才能不断取得进步。

"那你就把它送给两只手都没有了的人吧！"女主人笑着说。

杜牧是唐朝著名的大诗人，他生在一个官宦家庭，祖父曾是宰相，家中的其他人也在朝廷上出任要职。所以，杜牧从小就受到了很好的教育，他自身也非常刻苦地学习，胸怀远大的志向。

21岁的时候，杜牧就以《阿房宫赋》一文名扬天下，接着他又以优异的成绩考上了进士，一时间成为京城人们竞相追捧的人物。当时稍有见识的人都知道杜牧的大名，并以能与他结交为荣。面对这一切，杜牧不由得飘飘然起来。

一天，杜牧与几个好友一起到京郊游玩，路上遇到了一座古刹，就决定到里面去观赏一番。这天的香客并不多，空空的大殿里只有一个老和尚在闭目打坐，听到脚步声，老和尚缓缓睁开眼睛，看到这些新贵，老和尚并没有起身迎接。

杜牧见老和尚如此怠慢，心里很不高兴，他走上前去自报家门："小生杜牧，拜见大师。"原以为老和尚听到"杜牧"二字，必然会眉开眼笑，好水好茶殷勤伺候。没想到，老和尚连眼皮都没抬一下，依然安坐如泰山，显然他并没有把炙手可热的杜大才子放在眼里。

看到这种情况，杜牧勃然大怒：想我此时先有佳作问世，后接高

中进士，京城之内谁人不知谁人不晓。文人雅士乃至高官大吏见到我，也是客气有加，小人更是极尽阿谀奉承之能事，何尝受过这种冷遇。友人们一看情况不妙，赶紧对老和尚说："这位是新科进士大人，前任宰相的孙子，诗文盖世，天下闻名，你怎么这么怠慢呢！"

老和尚对杜牧上下打量了一遍，平静地说："阿弥陀佛，老衲是出家之人，只知道打坐参禅，吃斋念经。从不知什么进士、才子，但愿大人不要恃才傲物，为名利所累才好。"

杜牧聪慧过人，立即领悟了老和尚的禅语，从此不再自高自大，虚心向别人学习，体味下层百姓的疾苦，写出了不少广为流传的诗歌。

哲理启示

骄傲是进步的大敌，是失败的前奏。一个人的好成绩，往往是在他虚心学习、踏实肯干的前提下取得的。一旦他自足自满，骄傲自大，他就会故步自封，无法取得进步。

爱迪生是我们所熟知的大发明家，很多人认为他是天才。而爱迪生清楚自己不是什么无师自通的天才，他说："天才是99%的汗水加1%的灵感。"那时，他每天的工作时间常常多达20小时，自己仍感觉到不足。就是在这种虚心苦干的精神鼓舞下，他取得了一个又一个了不起的成就。但是到了晚年爱迪生为自己的成就所陶醉了，他变得骄傲自大起来，甚至对助手们说："你们不必给我提什么建议，任何建议都超脱不了我的思维。"就这样，爱迪生自己堵塞上了智慧的源泉，从此以后再也没有做出令人震惊的重大发明了。

一代大师有着骄傲的问题，尚且不能避免出现停滞不前的情况，何况我们初涉人生的小学生呢？我们就更应该引以为戒了。在取得好成绩的时候，应把它看作是一定范围内、一定标准下的考核，只能说明自己这一阶段的努力得到了认可，未来的学习还要继续努力。

穆律罗的骄傲

　　一个人受到别人的尊重，不仅是因为他的才华，更重要的是他高尚的品格。

　　穆律罗是 17 世纪西班牙最著名的画家，很多人以收藏他的作品为荣。同时，穆律罗还是一个令人尊敬的贵族，他有许多奴仆，其中一个叫塞波蒂斯的年轻人对绘画有一种与生俱来的热爱。每当穆律罗给学生们上课的时候，塞波蒂斯就会偷偷地躲在一旁观摩。

　　一天晚上，塞波蒂斯不知是从哪里来的勇气，居然在主人的画室里面作起画来。他是如此的沉迷于自己的绘画之中，以至于第二天一早穆律罗和他的贵族朋友们来到他身后的时候，他都一无所觉。穆律罗并没有惊动这个专心致志的年轻人，而是被塞波蒂斯娴熟的笔法所震惊。直到踌躇满志地画完最后一笔，塞波蒂斯才发现了身后的异样。他慌忙跪下，恳请主人原谅自己一时的冲动。他明白自己将会为这个错误付出怎样的代价，在那个等级森严的社会里，他甚至有可能会因此而被处死。当他战战兢兢地等候处罚的时候，只听见穆律罗轻声让他出去，声音听起来并不严厉，甚至还很温柔。

　　塞波蒂斯的事情马上成为人们津津乐道的话题，贵族们纷纷猜测穆律罗会用什么样的方式来惩罚他大胆的奴仆，他们期望能有一场好戏上演；而善良的人们却暗暗地为这个可怜的小伙子祈祷，希望他能够躲过这一劫。很快人们听到了一个不可思议的消息：穆律罗给了塞

波蒂斯自由身，还决定收他为徒！

穆律罗的决定让贵族们感到愤怒，怎么可以轻易地给一个奴隶自由，还让下贱的他学习高雅的艺术，这太反常了，它侮辱了贵族的骄傲。于是，贵族们开始疏远穆律罗，不再去买他的画，人人都说穆律罗是个不折不扣的大傻瓜。然而，对于这一切，穆律罗却不以为然，他笑着说："那些蠢货们不会明白，塞波蒂斯将会成为我最大的骄傲！"

事实证明，穆律罗是正确的。在现今意大利的艺术博物馆中，塞波蒂斯的作品和他的恩师穆律罗的名画处在同等重要的位置，都价值连城。人们提到塞波蒂斯的时候，一定不会落了穆律罗。几个世纪以来，穆律罗和塞波蒂斯的故事早已成为一段闻名世界的佳话。

哲 理 启 示

卑贱的奴隶胆敢闯进主人的画室作画，这在当时是不可轻饶的罪过，但是塞波蒂斯的才华打动了主人，他非但没有受到惩罚，反而获得了学习的机会，最终成为一代大师。穆律罗是宽容的、博大的，他打破陈规收塞波蒂斯为徒，其人格魅力放射出耀眼的光芒，几百年以后，仍有震撼人心的力量。穆律罗的预言得到了证实，塞波蒂斯成了他的骄傲。

在学校里，我们常常会发现这种现象：成绩好的同学可能并不是最受大家欢迎的，而受到大家欢迎的是那些平时热心班级事务、经常帮助同学的人。由此可见，一个人想获得别人的尊重，最主要的并不是他的才华，而是他的品德。有的同学把所有的精力都用在学习上，对于品德修养这方面却并不注意，认为只要把学习搞好了，就能考上好的学校，将来才能有更大的发展。其实，这种想法是非常错误的，我们常说"德、智、体、美、劳"全面发展，"德"排在"智"的前面，

有"德"的人会赢得大家的友谊，会得到大家的帮助，才会有好的发展。相反，有"才"的人，如果处处自以为是，不懂得怎样与人交往，不去助人也得不到别人的理解与帮助，就很难有所作为。

　　当然，德与才并不是互相矛盾的，如果我们能把这两方面都很好地统一在自己的身上，那样才是最完美的！

第十二块纱布

人应该有自己的主见，学会发出自己的声音，即使面对的是不容置疑的权威，我们也要勇于把真相大声地说出来！

在一家大医院的手术室，一位年轻的护士第一次作为责任护士，做一位著名外科医生的助手。

手术做得非常艰难，从清晨一直持续到了黄昏，终于结束了，外科医生示意病人的伤口可以缝合了。这时候，年轻的女护士突然严肃地盯着外科医生，说道："现在还不能缝合伤口，大夫，我们用了十二块纱布，可是你只取出了十一块！"

外科医生瞟了一眼年轻的护士，用不容置疑的口吻说："我已经把纱布全部取出来了，手术进行了整整一天，现在应该赶紧把伤口缝合！"

"不，不行！您不能这样做！"年轻的护士大声抗议道，"我们明明用了十二块纱布，现在我这里只有十一块，我们要对病人负责，必须再仔细检查一遍！"

"什么也别说了！"外科医生脸沉下来，加重语气说，"听我的，现在立即开始缝合！"

年轻的护士毫不示弱，大叫起来："您是医生，您明白自己的职责，您不能这样草率行事！"

其他的医护人员看到这种情况，纷纷过来劝年轻的护士："这位

外科医生可是这方面的权威，他做过的手术，从没有出现任何的差错，你就不要再犟了。再说了，你以后很有可能成为他的助手，不要因为这件小事而毁了你的前程！"

"我只相信我所看到的！"年轻的护士依然不开窍。

这个时候，外科医生原本冷漠的脸上浮现出一丝欣慰的笑容，他举起手中握着的第十二块纱布，大声向众人宣布："她就是我想要找的最优秀的助手！"

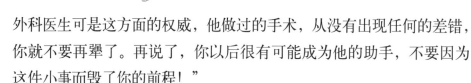

年轻护士认真负责、一丝不苟，勇敢坚定地指出了外科医生的疏漏，通过了一场关于勇气和责任心的考验。那么，如果你是那位年轻护士，面对权威，你会怎么做呢？是坚持己见还是低头？

通常，我们会相信那些比我们更有权威的人的话，比如，考完试后听到自己的答案和成绩优秀的同学不一样的时候，心里就会忐忑不安。其实，这些所谓的权威们也并不是总是正确的，即使是老师也难免有犯错的时候。我们对待学习、对待生活中其他事情的正确态度应该是：在做出认真分析的基础上，坚持自己的判断，绝不是盲目地跟"权威"们保持一致。

当然，我们所说的坚持自我，并不是固执己见，更不是盛气凌人。无论在什么时候，我们都不能丢弃谦虚的作风。当我们面对学习上的竞争对手的时候，要坦率而友好地对待对方，不要用挑衅的眼光盯着对方。说话的时候，吐字清晰、斩钉截铁、语调稳健。如果证实对方错了，不能得理不饶人，因为谁都有犯错的时候；如果事实证明是自己错了，也没什么丢人的，主动承认错误，并从错误中汲取教训，有利于自己健康成长。

三个小金人

倾听是一门艺术，善于倾听可以使我们变得聪明，善于倾听可以使我们赢得别人的信任与尊重。学会倾听，是一个人走向成功的重要一步。

从前有一个小国派使者到中国来，向中国的皇帝进贡了三个一模一样的小金人。这三个小金人不仅用纯金制造，价值不菲，而且还做得栩栩如生，憨态可掬。中国皇帝见了非常高兴。

但是，事情并不像人们想象的那样简单，小国的使者并不是诚心诚意来进贡的，他们还有险恶的用心。果然，使者们出了一道刁钻的题目：“亲爱的陛下，请您告诉我这三个小金人中哪一个更有价值。如果你们答不出来，我们不仅要收回贡品，中国还要反过来向我们进贡。”

皇上听了立即叫大臣们都来想办法，学富五车的大臣们顿时议论纷纷，有的说称称金人的重量，有的说看看金人的做工。但是无论大家怎样研究，三个小金人都是一模一样的，根本分辨不出高低贵贱来。大臣们都感到束手无策。

使者看到大家愁眉不展的样子，得意地哈哈大笑，轻蔑地说道：“看来泱泱中华不过是徒有虚名啊，满朝文武竟然连这个小问题都回答不上来？好吧，我再给你们三天的时间，如果三天之后还是没有正确答案，那我们就不客气了。”说着使者们扬长而去。

这下可麻烦了，皇帝立即发布命令，让全国人民都来想办法。一位退位的大臣听说了这件事情，心里非常着急，就成天在家里面唉声叹气。大臣的女儿看到父亲这样忧愁，就问父亲出了什么事情。于是父亲把事情的经过一五一十地说了出来。女儿听了，低头想了一会儿，就胸有成竹地对父亲说："放心吧父亲，我已经想出办法了。"

第二天，老大臣带着女儿兴冲冲地来到大殿上。皇上听了老大臣的话惊喜万分，连忙让老大臣的女儿去观察小金人。只见大臣的女儿胸有成竹地掏出三根稻草，取出一根插入第一个小金人的耳朵里，结果稻草从小金人的另一个耳朵里面出来了；她又取出一根稻草插入第二个小金人的耳朵里，很快稻草从小金人的嘴里面出来了；而插进第三个小金人耳朵里面的稻草，无声无息地掉进了小金人的肚子里面。大臣的女儿满意地笑了笑，说道："第三个金人是最有价值的！"

使者们听了大臣女儿的话，心悦诚服，纷纷说："中国果然是人杰地灵，以后我们年年来进贡。"说完就慌慌张张地退了出去。

哲理启示

为什么第三个小金人是最有价值的呢？我们来看看三个小金人是怎样倾听别人的话的吧。这里的稻草便象征着别人所说的话，第一个小金人两只耳朵是相通的，对于别人的话，它是心不在焉，左耳朵进右耳朵出。你会喜欢与这样人交朋友吗，比如你要告诉他一个道理，希望他能记在心里，但是他却把你的话当成了耳旁风，转脸就忘记了。和这样的人说话，是不是白费口舌呢？

第二个小金人耳朵和嘴巴是相通的，别人告诉它的话，它立即就把这些话散播出去了。这样的人是不是让你感觉到没有安全感呢？比如你有一个小秘密想找一个人分享，于是就告诉了他。结果他却马上把你的小秘密传扬出去了，弄得大家都知道了这件事情。对于这样的

人，恐怕你也会敬而远之，从此以后再也不向他倾诉了吧。

第三个小金人是最善于倾听的一个，他既不会把别人的话当作耳旁风，也不会随意传播别人的小秘密，而是把别人的话牢牢地记在了心里。遇到这样的人，也许你会对他敞开心扉，和他做一个知心的好朋友吧。因为他会认真地倾听你说的每一句话，并能够体谅到你的感受，即使有了小秘密也可以放心地与他分享，因为他是一个能够保守秘密的人。

看到这三个小金人的不同风格，你一定从中受到启发，是不是也想做一个像第三个小金人那样的人，去赢得更多的友谊呢？

容　纳

自私自利本身就是不幸的，它不仅会伤人，也会让自己受到伤害。正因为有自私自利的人存在，世界上才发生了那么多的惨剧。

美国一位参加越战回国的士兵，回家前，在旧金山给父母打了一个电话："爸爸，妈妈，我从战场上回来了，我想你们。"

"那就赶紧回家吧！我们也想你。"父母说。

"我想请你们帮我一个忙，我想带一个朋友一起回家来住。"

"没问题，儿子的朋友，我们也一定会喜欢的。"

"不过有一些事情我必须提前说。"儿子犹豫了一下说，"我的这位朋友在战场上不小心踩到了地雷，失去了一只手和一条腿。现在他无处可去，我希望你们能容纳他。"

"哦，这真是一个不幸的故事。我想我们可以帮助他找到一个住处的。"

"不，我希望他能和我们住在一起，他是我最好的朋友，他之所以负伤也有我的责任。我不能不管他，如果他无处可去，我宁愿陪着他。"儿子激动地说。

"孩子，"父亲耐心地说，"你不要太感情用事了，他现在已经是一个残疾人了，他会成为我们一个沉重的负担。我们要过自己想要的生活，不能被这种事所打搅。我想你还是尽快回家，把那位朋友忘掉，

56

他会找到活路的。"

　　"啪"的一声，电话那头重重地挂上了。父母还没有来得及问儿子的情况，就又失去了联系。过了几天，旧金山的警察局打来了电话，告诉他们，他们的儿子已经坠楼死亡了，警察局初步推算是自杀。听到这个噩耗，悲痛欲绝的父母立即飞往旧金山，他们不敢相信这个残酷的事实：儿子没有死在战场上，自己却坠楼自杀了，而且就在几天前他们才刚通了电话。

　　在警察局的殓尸房里，父母辨认出了儿子的尸体，令他们感到惊愕的是，儿子只有一条腿和一只胳膊。

哲理启示

　　儿子在战场上不幸失去了一条腿和一只胳膊，这个时候他最需要的是家庭的温暖，然而自私的父母却表示一个失去一条腿和一只胳膊的残疾人只会成为累赘。虽然，他们这样说并不是针对自己亲爱的儿子，但是仍然让儿子感到绝望，或许他不想成为家人的负担，于是结束了自己年轻的生命。不知道父母面对儿子的尸体时会做何感想，如果当初能博爱、无私，容纳那个可怜的"朋友"，也许现在他们正在享受天伦之乐。

　　生活中，很多令人不快的事情，都是由自私和不能容纳别人所引起的。小敏所在的学校是城市里的重点小学，一天小敏的班上来了一位来自农村的新同学，班主任安排他和小敏同桌。小敏看不惯他浑身破破烂烂的衣服，常常嘲笑他。久而久之，这位同学变得敏感而沉默，成绩也开始大步下滑。后来，这位同学主动要求调换了班级，在别的班级里他又恢复了自信，脸上又有了笑容。

　　"海纳百川，有容乃大"，开阔我们的心胸，去接纳别人、爱护别人，我们会赢得更多的友谊，我们的生活也会充满阳光。

最后一座房子

认真对待别人托付的事情，自己也会从中受益；应付别人，最终吃亏的还是自己。

岁月不饶人，这个王国里技艺最高超的工匠已经年逾古稀了，随着精力的衰退，他已经渐渐不能胜任自己的工作。老工匠明白，自己到了该说再见的时候了。

老工匠来到皇宫，向皇上请辞："陛下，老臣年老体衰，已经不堪重用，希望能尽快回到家乡安度余生，所以特意来向你告辞。"

皇上看着老态龙钟的工匠，想起他所主持建造的许多精美的建筑，为国家做出的重大贡献，心中感到依依不舍。但是老工匠所说的也是实情，劳累了一生，是该享享清福了。皇上低头想了想，说道："这样吧，我还有最后一件事情交给你办，去建造一处精致而且适合老年人居住的住宅，这件事一完工，我不仅会批准你的请求，而且还会有令你意想不到的赏赐。"忠心耿耿的老工匠不知道皇上为什么要建造这样一处住宅，又不方便多问，只得接旨。

回去以后，老工匠立即开始忙活了，他先认真地进行规划，再挑选工人，命人去采购材料，常常忙得顾不得吃饭睡觉。老伴见了，非常心疼，就过来劝说："老头子，你都这么一大把年纪了，不用这样拼命。只要造好一座房子，交给皇上就行了。何必要下这么大苦力呢？无论如何皇上也一定会体谅你的。"

老工匠摆摆手说："你知道什么，这是我最后的作品，我一定要为自己的工匠生涯画上完美的句号，决不留下任何遗憾！这不仅是对皇上负责，也是对我自己负责。"

老工匠把自己所有的精力都用在了这件事情上，过了几个月，终于建造好了一处典雅、庄严，而又令人觉得悠闲舒适的住宅，这样的住宅正是自己理想中住宅的样子。他满意地向皇上交出了新房的钥匙。

皇上参观了一下新房，赞不绝口："果然是王国最好的工匠，没想到你的手艺还是这么好。现在我宣布，这座住宅就是我对你的赏赐，你可以在这里安度晚年了。"

哲理启示

对于最后一座房子，年迈的老工匠没有用应付的态度来对待，他本着对皇上、对自己负责的态度尽自己的努力去建造它，最终老工匠赢得了皇上的尊重，也为自己赢得了一座理想的住所。如果老工匠以年老体衰为挡箭牌，不尽心去建造这最后的房子，那么故事的结局将是非常遗憾的：他一生兢兢业业地建造房子，却最终失去了皇上的尊重，而自己也只能在粗糙的房子里度过余生了。

如果我们把建造最后一座房子看作是老工匠人生的一道考题，那么他给出了标准答案，从中我们能看到老工匠身上的哪些闪光点呢？一是认真负责，二是兢兢业业，更重要的是他能够为别人考虑，不因自己的困难而对别人的托付稍有怠慢，这是他这么长时间以来一直受人尊重的根本原因，而这也为他赢得了应得的褒奖！

对于老师布置的作业，很多同学采取应付的态度，胡乱做完就交给了老师，没有受到老师的批评，还暗自窃喜，以为又一次骗过了老师。但是，回头想想，这些同学应付老师，最终吃亏的不还是他们自己吗？毕竟知识是给自己学的呀！同学托付的事情，如果也采取敷衍了事的

态度，那么以后谁还会信任你呢？到最后，成了"孤家寡人"，孤立无援的还是自己呀。

所以，记住：无论我们有什么样的理由，都要认真对待别人托付的事情，因为敷衍别人，伤害的却是自己。

樵夫与赫尔墨斯

诚实比金钱更重要，诚实是做人的根本，没有了诚实就没有了人格。

有一位樵夫在河边砍柴，一不小心把斧头掉进了河里，湍急的河水迅速把斧头冲走了。没有斧头怎么砍柴啊？不能砍柴，拿什么去养家糊口啊？想到伤心处，樵夫悔恨交加地失声痛哭起来。

樵夫的痛哭声惊动了天神赫尔墨斯，他头戴插羽挥帽、手持和平之仗出现在樵夫面前。问明了原因之后，赫尔墨斯安慰道："不要着急，我来帮你捞出斧头。"说着，赫尔墨斯跳进河里捞出了一把金光灿灿的金斧头，问道："这把金斧头是你的吗？"樵夫说不是；不一会儿赫尔墨斯又捞起了一把银光闪闪的银斧头，问道："这把银斧头是你的吗？"樵夫仍然摇摇头；于是，赫尔墨斯第三次下到河里，捞出了樵夫失落的铁斧头，樵夫见了激动地说："这把斧头就是我的，谢谢您的帮助呀！"樵夫的诚实让赫尔墨斯非常感动，便把金斧和银斧作为礼物都送给了樵夫，以表扬他的精神。

樵夫带着三把斧头回到了家，把自己的奇遇一五一十地告诉了自己的朋友们，朋友们都为他感到高兴。只有一个人心里打上了小算盘，樵夫的奇遇让他十分眼红，决定自己也去碰碰运气。

第二天，这位眼红的朋友也装成樵夫的模样来到河边，他故意把斧头扔进河流中，然后坐在河边伤心欲绝地痛哭不已。不一会儿，赫

尔墨斯如期而至了，他问这位朋友道："你为什么在这里痛哭呀？"这位朋友像樵夫那样回答说自己的斧头不幸掉入了水中，于是赫尔墨斯安慰道："你不要着急，昨天我也为一人找到了斧头，也同样会帮助你的。"说着赫尔墨斯从河里捞起了一把金斧头，问道："这把金斧头是不是你的？"那人见了金斧头，顿时财迷心窍，连连点头道："是的，是的，这就是我的斧头。"看着他那贪婪的样子，赫尔墨斯十分生气，不仅没有把金斧头给他，就连那人掉进河里的铁斧头也没有捞给他。

哲理启示

利益与诚实的品德发生冲突时，你选择哪一个？第一个樵夫选择了后者，结果他拥有了一切；第二个樵夫选择了前者，结果他失去了一切。

在现实生活中，当诚实和利益发生冲突的时候，我们怎样做到诚实呢？比如，你不小心打破了邻居阿姨家的一块玻璃，面对她的询问，如果你低头装作不知道，或许你就不会受到责备，也不必去赔偿。但是这样你就失去了诚心，换来的是良心上的不安，以后见到了阿姨也会觉得抬不起头来；如果你勇于承认错误，阿姨一定会因为你的诚实而原谅你，而你也会觉得自己是一个光明磊落的人。

记得小的时候，班级里有一位同学在路上捡到了20元钱，主动交到了老师那里。结果他不仅受到了老师的表扬，还因此当上了学校里的升旗手。每个星期一，他都非常神气地站在同学们面前，庄严地把国旗升起。那时候，我对这位同学总是不服气，觉得不就是20元钱吗，有什么了不起的呀！早知道我也拿20元钱交给老师了。现在想来，我那时的想法是多么的错误啊，老师表扬那位同学，并不是因为20元钱有多少价值，而是由于他具有拾金不昧的美好品质。

狼来了

要丧失我们的好品格，最快的方式就是丢弃诚实。撒谎的人的可悲结局是：当他们说真话的时候，也没有人相信了。

从前有一个放羊的孩子，平时总是一个人在山上放羊，渐渐地这个孩子就感到这样太没有意思了，于是就想做一些事情开心一下。一天，他突然想到了一个"好主意"。

"狼来了，狼来了……"放羊的孩子使劲喊起来，"快来救救我的羊啊！"在附近田地里干活的人们听到叫声，纷纷拿起劳动工具过来打狼，但是跑到山上一看，一群羊正在悠闲地吃着草，根本没有恶狼来骚扰它们。放羊的孩子看到人们慌张的样子，感到十分滑稽，他乐得哈哈大笑，说道："根本没有狼，是我逗你们玩的，真是一群大傻帽。"听了他的话，人们十分气愤，把他狠狠地责骂了一通就回去了。

第二天，放羊的孩子又感到很无聊了，就决定再捉弄捉弄大家来开开心。"狼来了，狼来了……"这次他的声音比前一天更逼真了，"大家快来救救我的羊啊！"听到他的叫声，有的人压根就不信，继续埋头干活；有的人还是放掉了手中的活，赶紧跑过来。山顶上依然是风平浪静，根本没有狼的影子，放羊的孩子笑得肚子都痛了："你们又被我捉弄了吧，真是太有趣了！"这个孩子的举动彻底激怒了善良的人们，他们决定再也不相信这个孩子的话了。

第三天，狼真的来了。它们恶狠狠地扑向温顺的羊，转眼间就咬

死了几只。放羊的孩子被眼前的一幕惊呆了，他凄厉地喊道："狼来了，狼真的来了，快来救救我的羊啊！"这次，人们再也不理会这个孩子的求救了，以为他还是在撒谎。放羊的孩子把嗓子都喊哑了，没有一个人上来帮忙打狼，眼看着心爱的羊一只只丧身狼口，他放声大哭。

放羊的孩子无羊可放了，他只能去寻找其他的事情做。有了这个惨痛的教训，他再也不敢撒谎了。

哲理启示

放羊的孩子以骗人为乐趣，第一次撒谎的时候，已经丧失了一部分人的信任；第二次撒谎的时候，在所有人的眼里，这个孩子已经成了名副其实的"谎话精"，大家谁都不会再相信他了。结果，当狼真的来了的时候，这个孩子的呼救声，没有引来一个救援的人，结果羊丧狼口的苦果，只能由这个爱撒谎的孩子独自品尝了。

古时候有一个叫曾子的人非常讲信用。一天，他的妻子要去赶集，儿子哭着闹着也要跟着去，于是曾子的妻子就哄骗儿子说："你不要哭了，妈妈从集上回来后，杀猪给你吃。"妻子从集上回来后，看到曾子果然在磨刀准备杀猪，妻子赶紧上前劝阻，说那不过是骗小孩子的话。谁知曾子严肃地说："小孩子也不能欺骗，你欺骗了他，他以后就不会信任你，而且长大以后也会变成一个没有信用的人！"说着，曾子真的把猪给杀了。曾子对自己不懂事的儿子都很讲信用。从他身上，我们是不是能受到很深的启发呢？

其实，要做到诚实守信并不困难，首先我们不能像故事里的孩子那样老是撒谎，否则以后就没有人相信你的话了；其次，要信守自己的承诺。答应别人事情之前，一定要慎重地想清楚，自己到底能不能做到，然后再做出决定。一旦答应了的事情，那就要千方百计地去做好，只有这样你才能不失信于人，也才能得到别人的信任！

寒号鸟

> 好逸恶劳、得过且过是不会有好结果的；美好的生活，只有通过我们辛勤的劳动才能获得。

大山的脚下有一面石崖，石崖上有一道缝，这道缝就是寒号鸟简陋的窝。石崖的对面是一条小河，小河的岸边生长着一棵大杨树，喜鹊在杨树的顶端搭了一个舒适的窝。寒号鸟和喜鹊面对面住着，成了邻居。

转眼热闹的夏季就过去了，一阵秋风吹过，枝头的黄叶飘落，秋天不知不觉地到来了。鸟儿们收起婉转的歌声，开始张罗着垒窝筑巢，因为冬天说到就到。有一天，晴空万里，喜鹊早早地飞出去，东寻西找，不断衔回一些枯枝来，忙着搭更温暖的窝。而寒号鸟却像往日一样，整天在外面玩耍，到累了的时候才回来睡觉。

一天中午，喜鹊看到寒号鸟正在睡觉，就好心地劝说道："寒号鸟，别睡了，趁今天天气好，抓紧时间垒窝吧，再晚就来不及了。"寒号鸟翻了翻身，懒洋洋地回答道："你不要吵，天气这么好正好睡觉，垒窝的事我自有安排。"喜鹊摇摇头，飞走了。

凌厉的北风呼呼地刮起来，寒冷的冬天到来了。喜鹊躺在温暖的窝里面，将寒冷拒之门外。而寒冷的风不断地吹进冰凉的崖缝，寒号鸟蜷缩成一团瑟瑟发抖，不停地哀叫着："哆罗罗，哆罗罗，寒风冻死我，明天就垒窝。"好不容易熬过寒冷的夜晚，第二天又是一个风

65

和日丽的天气，阳光洒在身上暖烘烘的。喜鹊又对寒号鸟说："趁着天气好，赶紧垒窝吧，再晚真的来不及了。"寒号鸟懒得理喜鹊，它打个哈欠又睡着了。

寒冬腊月，天气一日冷过一日，大雪纷飞，把漫山遍野变成一片白色。北风像狮子一样嘶吼，河里的水凝固成冰，崖缝里冷得像冰窖。在这个严寒的夜里，喜鹊在温暖的窝里面熟睡，而可怜的寒号鸟却发出了最后的哀号："哆罗罗，哆罗罗，寒风……冻死我，明天就垒窝……"

天亮了，阳光驱散了几分寒冷，喜鹊站在枝头呼唤它的邻居，它不知道寒号鸟已经在半夜里冻死了。

哲理启示

寒号鸟有足够的时间为自己垒一个温暖而舒适的窝，度过寒冷的冬天，在来年的春天里快乐地放歌。然而因为懒惰，它冻死在了崖缝里。不是没有人提醒它，好心的喜鹊每天都在督促它，但是懒惰和得过且过的本性让它错过了一次又一次的机会，是它自己杀死了自己，因此它并不值得同情。

不论什么人，在这个社会上要想做成一件事，就必须抗击来自人性中的惰性，使外界的逼迫变为内心的自觉。

这是因为绝大多数的人都喜欢舒适，能站着拿到东西绝对不会跳起来，能坐着拿到东西绝对不会站起来，能躺着拿到东西绝对不会坐起来。舒适又是个极坏的东西，它是滋生慵懒的温床，腐朽、堕落等劣性大多因舒适而衍生。

1992年的世界爱鸟日，芬兰维多利亚国家公园放飞了一只在笼中关了4年的秃鹫。然而，3天之后，一位游客却在公园附近的小山上发现了这只秃鹫的尸体。后据调查，它是因饥饿而死亡的。

　　秃鹫原本是一种凶悍的鸟类，生存本领极强，常捕食小动物。饥饿异常的秃鹫甚至敢与虎豹争食，然而这只鸟中之王却死于饥饿，这到底是为什么呢？动物学家分析，几年来，这只秃鹫过惯了公园里"饭来张口"的生活，在舒适的生活环境中渐渐丧失了在大自然中生存的能力。

　　鸟因惰性而死亡，人也会因惰性而走向堕落。如果想战胜你的慵懒，勤劳是唯一的方法。对于人来说，勤劳不仅是创造财富的根本方法，而且是防止被舒适软化、涣散精神活力的"防护堤"。

　　慵懒是人的一种劣性，为了做成某件事，必须与它抗争，超越这种劣性的钳制。但是这种抗衡和超越并不是心甘情愿的，一开始总要由一些外力来强制，进而才能逐渐内化为恒定的精神和行为习惯。

　　一旦养成恒定的勤劳习惯，往往就会拥有一份愉快的心情。因为它专注，意念与行为协调统一，所以恶劣的情绪便没有潜入的机会，更没有盘踞的空间。一个进入勤劳状态的人，心灵中就不会有长久驻足的慵懒。所以，克服慵懒最直接、最有效的方法就是使自己忙碌起来。

　　在放寒假的时候，老师通常会给我们留一些假期作业。其实，这些作业并不多，只要我们每天抽出一定的时间就可以完成。但是，很多同学并不这样想，他们的口头禅是："没事，没事，时间还早着呢？今天先玩，等明天再做作业吧！"你听，这些话是不是和寒号鸟的语气很像啊？这样下去，难免不遭受寒号鸟那样的教训！

　　我们现在正处在学习的大好时光，决不能像寒号鸟一样懒惰懈怠、得过且过，虚度了美好的时光。当你把事情推到明天去做的时候，想一想可怜的寒号鸟吧，想到它可悲的结局，你还敢这样漫不经心吗？最后，以一首诗与你共勉：

明日歌

明日复明日，明日何其多！

我生待明日，万事成蹉跎。

世人皆被明日累，春去秋来老将至。

朝看水流东，暮看日西坠。

百年明日能几何？请君听我《明日歌》。

第三章
心态比环境更重要

三个瓦工的故事

放飞梦想，让它飞跃平凡的生活，用尽自己的全力去追求它，你的未来必将与众不同！

三个瓦工是无话不谈的好朋友，他们在同一个建筑工地上干活，他们没日没夜地辛勤劳动着，所要建造的是一座气势宏伟的大教堂。

一天休息的时候，三个瓦工凑到一块儿聊天。第一个瓦工满腹牢骚地说："这样的日子单调而且劳累，每天都是无休止的砌砖，闹得我看到四四方方的东西就心烦。不过话又说回来了，除了砌砖我也不能干别的事情了，还得混下去啊！"

第二个瓦工看上去很平静，他接过话茬，说道："这样的日子其实也不错，想赚钱就要付出劳动嘛。多砌砖就多赚钱，你说是不是？"第二个瓦工扭头去问第三个瓦工。

第三个瓦工正一脸陶醉地望着热火朝天的工地，答非所问地回答道："是啊，这真是太奇妙了，不久就会有一座伟大的建筑诞生了。"他的两个伙伴，看着他自得其乐的样子，一脸的茫然，不知道他又在发什么神经。

没过多久，一位作家到工地来体验生活，他决定写一部关于建筑工人生活的小说，于是就来问一问瓦工们的思想状况。他问第一个瓦工："你知道自己在做什么吗？"第一个瓦工神情冷漠地说："你没长眼睛吗？我是在砌砖。"说完，仍旧漫不经心地干活。

于是作家把问题转向第二个瓦工，第二个瓦工微笑着说："我也说不出什么大道理，反正工作就是为了赚钱，尽量多砌砖，多赚一点钱呗。"

作家又来到第三个瓦工身前，提出了同样的问题。第三个瓦工满脸憧憬地说："我正在为一件伟大的艺术作品添砖加瓦，这将是一座令人惊奇的大教堂，它融合了中西方的建筑特点，有圆形的穹顶和青铜大门，四周雕刻着精美的花纹。这座教堂建成以后，将产生巨大的影响，甚至会享誉全球！"

作家被他的谈吐所震惊，没想到瓦工中还有这样的人才。这个瓦工看出了作家的疑问，他笑着说："其实自开始这份工作后，我就一直搜集这方面的资料，这一切都是我想象出来的。"

时间荏苒，转眼几年时间就过去了。第一个瓦工依然在建筑工地上砌墙，依然在没完没了地抱怨；第二个瓦工成了一名小领导，他现在可以赚更多的钱了；第三个瓦工的变化最大，他凭借自己不懈的努力，成了一名优秀的工程师。

哲理启示

能够为自己清晰描绘出梦想的人，他一直奔跑在通往成功的道路上。而没有梦想漫无目的的人，到头来也只是在原地踏步。

三个瓦工同样的起点，第一个瓦工工作的目的仅仅是维持个人的生存，浑浑噩噩的生活让他抱怨现实的枯燥；第二个瓦工的目的是为了赚更多的钱，为了这个目标，他也付出了自己的努力，最终如愿以偿；第三个瓦工有着远大的理想，他陶醉于自己的工作，循着梦想的脚步，他的努力最终使梦想成了现实。

由此可见，梦想的重要性。虽然梦想有时候显得虚无缥缈，如同海市蜃楼美丽而虚幻，但是古往今来，无数胸怀大志者正是在梦想的

指引下，最终取得成功的。试想，如果瓦特没有"蒸汽为什么把壶盖顶起来"的疑问，人类社会的文明进程就不会那么迅疾；赖特兄弟如果没有"像鸟儿一样在空中自由翱翔"的梦想，飞机的发明可能会推迟几年甚至几十年……

有梦想才有追求，没有梦想的生活如同一潭死水。大胆地伸开梦想的翅膀，去做一次思维的探险，成功的大路在探险中浮现。当然，光有梦想并不能得到你想要的一切，我们必须为了这个梦想而不懈地奋斗，否则梦想就会越飞越远，越来越遥不可及。

成功并不像想象中那样困难

> 很多事情并不是因为太困难，我们做不了，而是因为我们不敢做，它才显得困难。只要我们踏实而且一如既往地坚持，成功就会水到渠成。

一位韩国研究生在英国剑桥大学学习心理学，每天喝下午茶的时候，他常常到学校的咖啡厅或者茶座去听一些成功人士聊天。

这些成功人士有的是诺贝尔奖获得者，有的是某一学术领域的权威，有的则创造了一个个经济奇迹。在常人的眼里，这些人都是了不起的大人物，他们的成就简直高不可攀，但是这些人并不像人们想象中的那么严肃。他们风趣幽默，举重若轻，把自己的成绩看作是一件顺理成章的事情，并不需要经历怎样艰苦卓绝的努力。刚开始的时候，这个韩国学生觉得这些成功人士只不过是在开玩笑，在他的意识里，成功者必然会遭遇种种常人难以忍受的挫折。但是时间长了，他发现还是自己错了，自己被国内的那些成功者欺骗了。那些人为了让正在创业的人知难而退，普遍把自己创业的艰辛夸大了，换句话说，他们想利用自己的成功经历去吓退那些想取得成功的人。

作为一名心理学的研究生，他认为有必要对韩国成功人士的心理认真加以研究。1970年，他完成了一篇名为《成功不像想象中那样困难》的毕业论文，并把它提交现代经济心理学的创始人威尔·布雷登教授。布雷登教授读后，对这篇论文赞不绝口，认为这是一个重要的发现，这种现象普遍存在于东方，乃至于全世界，但是至今为止还没有其他学者敢于提出这个问题并加以研究。布雷登教授在欣喜之余，还把这篇文章转给他曾经的校友——当时韩国总统朴正熙看，他在附信中这样说："我不敢说这部著作对你能产生多大的帮助，但是我敢肯定它将比你的任何一项政令都更能产生震动。"

后来，这本书果然在韩国引起了巨大的轰动。许多年轻人受到此书鼓舞，坚定了创业的信念，韩国的经济起飞也在这一时期发生。而那位心理学研究生，也最终成了一家汽车公司的总裁。

哲理启示

世间的许多事情，只要我们能够想到，就能做到，看起来难以克服的困难，也都能一一克服。只要我们能够坚定信念，按照自己的计划一如既往地进行，那么成功就会顺理成章地到来。

我们常常听到"头悬梁、锥刺股"和"三更灯火五更鸡"的故事，仿佛要想取得成功，就必须付出艰苦卓绝的努力，忍受常人难以忍受的折磨。很多人被这些"恐怖"的故事吓倒了，以为前进的道路上有太多的荆棘，只有意志十分坚强的人才能走下去，而自己很难坚持下去。但是事实是不是这样呢？诚然在通往成功的道路上，有些人经受了很残酷的磨难，但是大多数成功人士只是按照既定的计划，踏实地进行下去，就很自然地获得了成功。

看看我们身边那些成绩优秀的同学，他们是不是"头悬梁、锥刺股"了呢？他们有没有每天熬到大半夜才睡觉呢？我想大部分的同学并没有付出多么惊人的努力，他们只是做好了自己应该做的：上课的时候认真听讲，下课的时候主动完成作业，提前温习功课。这样年复一年、日复一日，积累也就越来越丰富，取得好成绩也是很自然的事情了。

所以，获得成功并不困难，只要有理想，有计划，认真做好日常的小事，成为成功人士的梦想就会实现。

小和尚撞钟

任何事情都不是想干就能干好的，平凡的小事也要用心去完成，只有这样才能担当大任。

从前，有一个小孩被送到寺庙里做和尚。主持方丈见他聪明伶俐，就想考察考察他，看他能否担当大任。于是，方丈就派给小和尚一个撞钟的任务。

刚开始的时候，小和尚对这个任务感到很新奇，每天都精神百倍地去完成任务，每一下钟声都敲得响亮而悠远。但是，时间长了，每天重复同样的工作，小和尚就渐渐地失去了耐心，他越来越觉得这个职务简单而且枯燥乏味，自己做这个工作简直是大材小用。于是，他敲出来的钟声，也慢慢地变得空洞干瘪了，只有响声而没有了悠远。

就这样一年的时间过去了，一天，方丈突然宣布让小和尚去后院打扫卫生。小和尚感到很纳闷，就问方丈："师父，你为什么给我调换岗位呢？我现在的工作做得很好啊！"

方丈摇摇头，笑着说："不对，其实你根本不能胜任撞钟的工作，也许到后院打扫卫生更适合你。"

小和尚感到很委屈，他激动地说："我怎么会不胜任这个简单的工作呢？难道我每天撞得钟不够准时吗？声音不够响亮吗？"

方丈严肃地说："是的，你撞的钟准时、声音也足以传到寺院里的每一个角落，但是钟声空泛、疲软，没有任何感召力，一听就知道

你是在敷衍了事。"

小和尚略微有些脸红，但还是不服气，他嘟囔着："寺院里的钟不就是要报时吗，只要准时、响亮，让师兄弟们知道时间不就行了吗？要感召力干什么呀。"

老和尚意味深长地说："其实，钟声不仅仅是起到报时的作用，更重要的是要唤醒迷醉的众生，让他们体会到佛法的庄严。所以，寺院里的钟声要求圆润、浑厚、悠扬、深远，这并不是一件困难的事情，只要你能认真摸索，就不难做到，但是很可惜，你不过是在敷衍了事而已。"

小和尚听了，很是惭愧，他恳求师父再给他一次机会，以后一定吸取教训。后来，小和尚安下心来，认真撞好每一次钟，撞出的钟声真正达到了圆润、浑厚、悠扬、深远。

几年以后，小和尚通过了方丈的考察，开始跟随方丈学习诵经和佛理，终于成了一个受人尊敬的禅师。

哲理启示

把每一件简单的事情做好了就是不简单，把每一件平凡的事情做好了就是不平凡。只有认真处理好日常平凡的小事，我们的未来才会更加美好。

看完上面的故事，你也许会惊叹：嗬！看起来这么简单的工作，里面还有大学问呢！小和尚每天得过且过，还以为自己做得不错，其实根本不称职。要不是老方丈及时提醒，小和尚一直这样消沉下去，后果那就可想而知了。

仔细想想，我们每天的上课、做功课是不是也像是撞钟呢？如果采取小和尚的态度，上课不认真听讲、做笔记，不深入思考老师授予的解题技巧，课外作业敷衍了事。每天一到教室就玩"身在曹营，心

在汉"的把戏，上课铃一响，就盼望着下课。迷迷糊糊地过了一天，没学到东西，还暗自庆幸距离星期天又近了一步。长此以往，功课越落越多，老师的讲解日益不知所云，上课就彻底变成了"撞钟仪式"了。这样不仅自己受罪，还会让家长痛心。

　　所以，从现在开始，不要再给自己的敷衍找任何借口了。不要再被动地举行"撞钟仪式"，而是要积极主动地去完成每天的学习任务，让我们撞出的钟声也变得圆润而悠远。只要有了这种做好平凡小事的心态，你就会发现学习变得简单而有趣，成绩自然也会不断地提高。

拯救生命的绿叶

人们总是在希望中奋进，在梦想中腾飞，即使遭遇到沉重的打击和不堪忍受的挫折，希望也会给你信心和力量，让你看到美好的未来，指引你去拼搏。所以，永远不要放弃希望！

美国著名短篇小说家欧·亨利在他的小说《最后一片叶子》中讲述了这样一个故事：

故事发生在美国纽约市华盛顿广场西面的一个叫作格林尼治村的地方。这个地方住着许多生活贫困的画家，一是因为这个地方的房租比较便宜，另外这个地方也方便躲债。因为这两个原因，格林尼治村又被戏称为画家村。

一年秋末冬初的时候，这里忽然闹起了流行性肺炎，很多身体衰弱的人熬不过这个寒冷的冬天，一个个送了性命。

苏迪和琼西是两个女画家，她们在画家村合租了一间砖构楼房的顶楼画室，不幸的是琼西也染上了肺炎。体质瘦弱的琼西自患病以后，内心非常绝望和寂寞，她不打算进行任何的抵抗，静静地等候死神的来临。几天以来，琼西一直盯着窗外缠绕在墙面上的常青藤，暗暗数着常青藤上片片飘落的树叶，想着自己生命之树的叶子也在一片片地凋零。

有一天，医生悄悄地对苏迪说："你的同伴病情正在不断恶化，情况很危险。能不能熬过这一关，就要看她自己了。如果她充满信心，

鼓足勇气去与病魔抗争，那么她就有可能创造生的奇迹。"

听了医生的话，苏迪愁眉不展，而琼西却在小声地数着数字。苏迪感到莫名其妙，就问她是怎么回事。琼西幽幽地说："藤子上的树叶快要掉光了，现在只有五片了，当最后一片树叶掉落的时候，我的生命也该结束了。"

随着气温的降低，在11月寒冷的北风里，常青藤的树叶总有一天会掉光的，但是琼西还很年轻，她有很多的理想没有实现。苏迪找尽理由去为琼西打气，但是琼西固执地认为最后一片树叶掉落的时候，就是她的死期，这是天意。

一位老画家得知这个故事后，用彩笔画了一片绿叶，用胶水小心地粘在常青藤上。这片假冒的树叶任凭风吹雨打，依然挺立不掉。琼西从中看到了生命的力量，她对苏迪说："一定是天意延长了树叶的生命，我想死实在是一种罪过。"

从此以后，琼西主动配合治疗，她坚信自己也会像那片树叶一样拥有顽强的生命力。就这样，医生所说的奇迹出现了，奄奄一息的琼西获救了。

哲理启示

病房里，一个生命垂危的病人眼望着窗外的常青藤，看着树叶在秋风中一片片地飘落，固执地认为，当树叶落尽的时候，就是她生命终结的时候。一位老画家用彩笔画了一片叶脉青翠的树叶挂在常青藤上，这片人造的绿叶始终没有飘落，正因为这片绿叶，病人奇迹般地活了下来。

阅读完故事，我们应该明白，那片绿叶已绝不是一片普通的树叶了，它是深藏在人们内心深处的希望！人生中可以失去很多东西，唯一不能失去的就是希望，当希望的树叶被冰雪所覆盖的时候，我们生命的

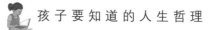
热血也会凝固。所以，只有希望的旗帜永远屹立不倒，我们的生命之树才不会枯萎。

有这样一则故事：一个日本小女孩，从小就声音沙哑，同龄人都因为她有"丑陋的声音"而不愿和她交朋友。但是，这并没有让女孩丢失希望，她一直快乐地寻找着展示自己的机会。终于有一天，她争取到了一个演出机会。那次演出的观众里恰巧有著名的漫画家藤子不二熊，她正在为动画片《机器猫》中的主角寻找配音演员。这位嗓音沙哑的女孩吸引了他的注意。果然这个女孩没有让他失望，她独特的嗓音伴随着动画片飞遍了世界各地，成为全世界的孩子们都在模仿的天才的配音演员。

希望能够创造奇迹，只要希望不灭，你就能实现自己的目标。

咨询员的秘诀

　　一次只做一件事情，会让我们静下心来，心无旁骛地去做，这样就容易把事情做好；相反，如果我们好高骛远、见异思迁，什么都想抓，到最后可能是两手空空。

　　纽约市中央车站的问询处可能是世界上最紧张的地方了，这个10平方米左右的地方每天都是人潮汹涌的，行色匆匆的旅客们争着抢着问自己的问题，谁都希望自己能够立即得到满意的答案。所以，我们可以想象问询处的工作人员的压力是多么的大，但是令人感到意外的是，那位柜台后面的咨询员看起来一点也不紧张，永远那么镇定自若、轻松自如。

　　这个咨询员身材瘦小、戴着金丝眼镜，一副文绉绉的样子。现在，他正在为一位矮胖的妇女服务，这位妇女头上扎着一条漂亮的丝巾，不过它已经被焦急的汗水浸透了。咨询员向前倾着身子，把耳朵贴向矮胖妇女的嘴唇："是的，我在听，您有什么问题？"他用手扶着脑袋，集中注意力。

　　"你要去哪里，夫人？"咨询员透过厚厚的镜片，瞧着这位妇女，又问道。这时候一位衣着入时，手提皮箱，头上戴着名牌帽子的男子试图插进话来："咨询员先生，我想去……"

　　咨询员视这位时髦的男子如无物，专心致志地与那位妇女对话："你要去春田，是俄亥俄州的春田吗？"

"不，不是的，我要去的是马萨诸塞州的春田。"矮胖的妇女焦急地回答着。

"那班车 15 分钟以后，在 15 号站台出发，你不用跑着去，可以悠闲地走过去，因为时间足够。"咨询员根本不用看列车时刻表，脱口而出。

"你是说 15 号站台吗？"

"是的，太太。"说着，咨询员已经把头转向了另一位旅客，那位时髦的先生。

过了一会儿，那位健忘的矮胖妇女又转过来，问道："你刚才说的是 15 号站台吗？"这次，咨询员把所有的精力都放在了下一位旅客身上，任凭矮胖妇女怎样喊，他都充耳不闻……

终于又忙完了一天，从问询处走出来的时候，有人请教他："能告诉我，你是怎样一直保持冷静的吗？"

咨询员回答道："其实很简单，我没有同时和一堆人对话，我总是单纯地处理一位旅客的问题。忙完一位，才轮到下一位，在一整天之中，我一次只服务一位旅客，就是这样。"

哲理启示

犹如沙漏一次只能通过些许粒沙，一次只做一件事情，我们才能把这件事情做得很好。一次出门，看到一条小路堵车，原来两辆汽车争抢道路，结果堵在小路出口处了，当他们想到为彼此让道，一个一个通过的时候，才发现后面的车已经紧靠上来，排成了长龙。如果我们也想着同时做几件事，结果也免不了要"堵车"，最后什么也干不了。

每当重要考试来临的时候，不知所措几乎是所有人的通病，有那么多功课要复习，时间显然太紧张了些。所以，有的人干脆选择了放弃，痛痛快快玩起来，心想：反正也是来不及了，还不如让自己轻松一些；

有些人像没头的苍蝇一样，东看一会儿，西看一会儿，结果也没有达到巩固知识的效果。其实，要提高学习效率并不难，我们先要列出一个简单的复习计划，列出重要的复习内容，然后一项一项去复习，在复习一项内容的时候，暂且把其他的事情抛诸脑后，这样才不至于手忙脚乱、漫无目的。

　　当然，一次只做一件事情，强调专心致志，然后把其他的事情排出个顺序，循序渐进地去完成，只有这样，我们才能真正高效地处理好身边的每一件事情。

咖啡、鸡蛋和萝卜

　　面对困难，你会做出什么样的反应？是变得软弱无力，还是变得坚硬刚强、身受损而志不坠，用自己的意志去改变恶劣的环境？

　　一个备受挫折的女儿向父亲诉苦，说她的生活是如何如何彷徨无助、痛苦不堪，说她自己虽然想健康快乐地生活下去，但是现在已经失去了方向。她曾经不屈不挠地抗争过，但是问题一个接着一个，没完没了。现在她已经厌倦了抗争，她只想放弃，因为她已经没有还手之力了。

　　听了女儿的抱怨，父亲什么也没有说，只是拉起心爱女儿的手，来到了厨房。他同时烧了三锅水，当水烧开了之后，父亲往第一个锅里放进了萝卜，第二个锅里放进了一个鸡蛋，在第三个锅里放了咖啡。女儿不理解父亲的举动，她充满疑惑地看着父亲，但是父亲只是轻轻地拉着她的手，示意她不要说话。

　　过了一段时间，父亲掀开锅，把鸡蛋、萝卜捞出来放进碗里，把咖啡过滤后倒进杯子里。父亲转身问女儿："你看到了什么？"女儿如实回答道："鸡蛋、萝卜和咖啡，它们只是被煮熟了呀。"父亲让女儿用手去捏一捏煮熟的萝卜，萝卜又软又烂；他又让女儿拿起那个鸡蛋，敲开薄薄的外壳，发现它的内部也变硬了；然后父亲又让女儿品尝了一下咖啡，浓浓的香味让女儿频频点头。"您这样做想说明什

84

么道理呢？"女儿问父亲。

父亲解释说："萝卜、鸡蛋和咖啡这三样东西面对同样的困境，也就是滚烫的开水，却做出了不同的反应：原本最坚硬的萝卜，在开水面前变软了、变烂了；原本易碎的鸡蛋，仅靠坚硬的外壳保护着里面的液体，但是经过沸水煮后，蛋壳内部却变硬了；与前两者相比，粉末状的咖啡最有意思了，它改变了折磨它的沸水，让它散发出令人垂涎的香味。那么，我的女儿，面对困难，你要做出什么样的选择呢？"

哲理启示

人生的道路不会是一帆风顺的，沟沟坎坎总是难免的，正是因为有这些绊脚石的存在，我们的人生才不会平淡得如一杯白开水。然而在困难和挫折面前，我们应该采取什么样的态度，应该做出什么样的反应呢？这值得每个人认真思索。

有些人平时看似非常坚强，似乎什么问题都难不倒他们。然而，当困难不期而至的时候，他们不敢挺起胸膛去面对，而是偷偷地躲到了父母或者老师的身后，让大人来为自己抵挡一切。对于这些同学的做法，我们往往会不屑一顾，更没人愿意向他们学习。

有些同学则恰恰相反，平时看起来柔弱平静，但是在困难面前却表现出了令人敬佩的勇气。他们没有被困难降伏，相反，却能横眉冷对困难，把困难当作一种磨炼，使自己变得更加坚强。这些同学的表现是值得我们学习的，但是面对困难，我们还有没有更好的处理方法呢？

我们应像咖啡一样，用自身的芳香，去改变折磨自己的恶劣环境，使之散发出醉人的芬芳。发挥自己榜样的力量，去让更多的人受益。面对困难，想到的不是个人的得失，能够从大局考虑，这样才是一个胸怀远大志向的人应该具有的素质。

以平常心去面对

在生活中，我们常常会遇到不顺心的事情，以百折不挠、宁折不弯的强者形象坚持到底，常常会头破血流；有些人则以平和的心态去面对问题，懂得低头示弱，最终以弱胜强。

美国前总统富兰克林年轻的时候是一位身材魁梧的汉子，他才华横溢，因此有些心高气傲，不屑与他眼中的"凡人"为伍。

一天，富兰克林去拜访一位德高望重的老前辈，来到老前辈的家门口，他昂首挺胸向屋里走去。忽然，"砰"的一声，他的头重重地撞在了比他矮一点的门框上，他揉了揉撞疼的脑袋，一脸的悻悻然。看到富兰克林狼狈的样子，前来迎接他的老前辈忍俊不禁。

"您是在幸灾乐祸吗？"富兰克林有些恼怒地质问道。

"哦，对不起，是我不对，你没事吧。"老前辈和气地说，"年轻人，你知道你犯了什么错误吗？"

"我犯了什么错？是你的门框太矮了，我建议你最好改造一下这可恶的门框。"富兰克林不服气地说。

老前辈看着他那桀骜不驯的样子，语重心长地说："你呀，到现在还嘴硬。这个教训可能是今天来访问我的最大收获。我想说的是，一个人要想很好地融入这个社会，平安无事地生活在世界上，那他就必须记住一句话：该低头时就低头。"

听了老前辈的话，富兰克林默然无语，许多人曾指出过他的这个

缺点，他一直不以为意，然而今天，从老前辈的话中，他似乎明白些什么。许多年以后，富兰克林回忆起这件事情，曾深情地说："那个矮门框给我的教训和老前辈的启发，对我的一生都很有帮助，从那以后，该低头时就低头，成了我生活的准则之一，它也是我获得成功的秘密武器之一。"

哲理启示

寒冷的冬季，肆虐的大雪曾将许多"宁折不弯"的树木摧折，而雪松却从不会被大雪所击倒，它会随着大雪的强压，顺势把自己的枝条弯下来，轻轻地将身上的积雪抖落掉，雪再积，它就再次抖落，枝条虽弯但躯干依然挺立，不失为林中的智者！

在现实的生活中，我们也少不了去承受来自内心和外在的压力，怎样去应对这些压力，我们不妨去学一学雪松，尽自己的能力去承受，当实在承受不了的时候，也可以弯曲一下，退让一步，不让自己在压力中毁灭，这就是富兰克林所谓"该低头时就低头"的最好诠释。这个道理看似高深，其实做起来并不难，比如在上错公共汽车时，发现错误，及时纠正，尽早下车，换乘另外一辆车子；在与别人争执问题输了的时候，勇于承认，而不是蛮横地声称自己不想再争辩下去。我们的家长望子成龙、望女成凤，为我们制订了严格的学习计划，要求在什么时间内，取得什么样的成绩，如果我们能够通过自己的努力达到家长的要求，固然是一件好事，如果家长制订的目标实在太高，我们无法完成，那么也不妨老实向家长坦白，以求得理解，不要让自己因为压力过大而精神崩溃并以平常心去面对。

当然我们所说的低头并不是没有原则地妥协，而是为了使自己不至于毁灭或倒下，是为了不使自己丧失发展的机遇。它是拯救人生、激励生活的大智慧。

勇于冒险的龙虾

每一个人都有自己的安全区，如果你想突破自己现在的成绩，就不能划地自限，勇于挑战和充实自我，你才能进步得更快！

一天，寄居蟹在深海中小心翼翼地爬行，边找食物，边防止敌人的攻击。生活真是艰难啊！寄居蟹自言自语道："危险无处不在，虽然有这身盔甲也不能抵挡敌人的攻击。不找个地方躲起来能行吗？老天保佑，这次出来我不要遇到什么麻烦。"

忽然，寄居蟹看到了好朋友龙虾，龙虾正在拼命地把自己的硬壳脱掉，把娇嫩的身躯露在外面。寄居蟹大惊失色，紧张兮兮地说："龙虾老弟，你想自杀吗？怎么把唯一能够保护自己身体的硬壳都脱掉了呢？你不怕敌人的袭击吗？以你现在的状况，就连一阵急流都可以把你冲到岩石上去，到时你恐怕是难逃一死了。"

龙虾不慌不忙地说："谢谢你的关心，但是你不知道，我们龙虾和你们不一样，我们每一次成长都必须脱掉旧壳，才能生长出来更加坚硬的壳。"

"可是，你们这样做太危险了啊。如果这段时间遇到敌人，你们连一点抵抗力都没有啊！而我们时时刻刻躲避着，这样就安全多了。"

龙虾笑着说："不错，我们现在面临危险。但是这是为未来能够更加强大所必须做出的冒险。如果总是畏首畏尾，那还有什么出

息呢？"

　　龙虾的话让寄居蟹非常惭愧，它想：自己不断地寻找可以避居的地方，却没有想过怎样让自己变得更加强大，只知道眼前的安全，却限制了自己进一步的发展。在这一点上，我实在是应该像龙虾学习啊！

哲理启示

　　在危机四伏的海底世界，龙虾居然敢脱掉全身的盔甲，把自己柔软的身体暴露在外面，这让习惯于隐藏自己的寄居蟹十分震惊。原来，龙虾冒这个风险，是让自己以后更加强大。而畏首畏尾的寄居蟹在勇于冒险的龙虾面前，只能是惭愧得无地自容了。

　　我们每个人心里都有一道安全防线，一旦迈出这道防线，就失去了安全感。班干部竞选时，有的同学明明想借这个机会为大家做一些事情，同时也锻炼一下自己的能力。但是，因为自己以前从没有竞选过，害怕大家不支持，所以就按捺住了心中的念头。

　　只要我们勇敢地迈出第一步，去接受各种挑战，我们就会变得更加优秀和坚强。班级里有一位同学非常优秀，既是乒乓球的高手，又是学校小广播站的播音员，平时学校有活动，他还能去主持节目。对于这样的同学，你一定很佩服，觉得他很有天赋。其实，他成功的秘诀很简单，就是不断地突破自己，当学校招募播音员的时候，勇敢地去尝试；当选拔小主持人的时候，也积极报名。虽然刚开始的时候，免不了一些紧张和失误，但是一步一步坚持下来，就变得很优秀了。

　　新的时代不需要那些"一心只读圣贤书"的书呆子，社会的发展需要我们不断去开拓和创新。作为一个小学生，我们应从现在开始培养开拓和创新的能力，要勇于挑战自我。

困难也是赐予

　　每个人都有自己的烦恼，抱怨是解决不了问题的，我们应积极地面对困难，看到它好的一面。

　　一天，森林之王——威风凛凛的狮子来到了天神面前，说道："我非常感谢您赐予我如此雄壮的身躯，如此强大的力量，使我有足够的能力来统治整个森林。"

　　天神看着言不由衷的狮子，笑着说："你今天恐怕不是为了赞颂我而来的吧？看你的样子，恐怕又遇到了什么难以解决的困难了吧？"

　　狮子不好意思地笑了笑，说："不瞒您说，我还真遇到了一点麻烦：虽然我的能力很强，但是每天早上总会被鸡叫声吓醒。这样一天天的，弄得我不胜其烦，恳请您能再赐予我一项能力，让我不再被鸡叫所惊醒。"

　　天神笑道："原来是这件事呀，这样吧，你去找大象，在那里你会得到答案的。"

　　狮子听了，心想：也对，大象那么强大，一定不会有什么麻烦事，我还是向他去讨教讨教。于是，狮子就兴冲冲地跑向大象所在的湖边。还没有看到大象，它就听到了大象脚步所发出的"砰砰"声。

　　狮子赶紧跑过去，却看到大象正在气呼呼地跺脚。狮子不解地问："你这是怎么了，和谁生这么大的气呀？"

　　大象一边使劲摇着耳朵，一边大声吼道："可恶的蚊子，总想钻

到我的耳朵里面，弄得我都快痒死了！"

离开了大象，狮子若有所思：这么强大的大象，却还要受到小蚊子不停地骚扰，看它那痛苦的样子，我还有什么好抱怨的呢？毕竟鸡叫不过一天一次，而蚊子却是时时刻刻都在为难大象啊。这么算来，我比大象可幸运多了。

这样边走边想，狮子忍不住又回头同情地看了看大象："天神告诉我，从大象这里能够找到答案。他应该是想告诉我：谁都会遇到麻烦，他无法帮助所有人解决问题。所以，遇到困难，大家还是要自己解决，好吧，既然我无法让鸡不叫，那么就把鸡叫当作是每天起床的闹钟好了，这样看来，这所谓的困难对我也不无益处呢！"

哲理启示

困难和挫折在生活中最不受欢迎，它让我们美好的计划泡汤，让我们幸福的生活里出现不和谐的音符，它甚至会让我们怀疑自己的能力，让我们看不到生命的意义。但是，就像苦是五味中不可或缺的一味一样，困难和挫折也是人生中不可避免的经历。在我们以后的人生道路上，有掌声和鲜花，也有困难和挫折。

该怎样去面对这些困难和挫折呢？森林之王狮子给了我们答案。我们可以把困难当作一种赐予，转变一下思路，鸡鸣就从一种麻烦变成闹钟了。是的，困难可以让我们变得更强壮、更坚强，你有没有见过蝴蝶破蛹而出的情景？那是一个非常艰难的过程，它必须将自己的身体从一个小口中挤出来，有时候，这个艰难的过程会持续几个小时。一个小男孩看不下去了，他热情地帮助蝴蝶把出口弄得更大了一些，这样蝴蝶果然轻松地爬了出来，但遗憾的是，这只没有通过困难洗礼的蝴蝶，再也无法张开美丽的双翅了。原来，蝴蝶从小口中挣扎着爬出来这个痛苦的过程是必要的，只有经过这个挤压过程，才能

91

将体液从身体挤压到翅膀上，只有这样，蝴蝶才能在破蛹后，展翅高飞……

　　生活中很多困难并不像看起来那么糟糕，想一想它的正面意义，只有经过困难和挫折的洗礼，我们才能真正成长起来，所以，我们要感谢困难的赐予！

扁鹊治病

发现问题及时补救，就有可能挽回损失；如果一直隐瞒，等到无可救药的时候再去想办法，恐怕已经是追悔莫及了。

一天，扁鹊去见蔡桓公，发现蔡桓公已经染上了疾病，就说道："我看您已经生病了，病在皮肤的表层，如果不马上治疗的话，恐怕病情会向内里发展。"蔡桓公不以为然地说："我身体很健康，哪有什么疾病。"扁鹊走了以后，蔡桓公对身边人说："这些医生就喜欢给没有病的人治病，然后四处向别人宣传，说自己的医术如何如何的高超。他们的这种小伎俩根本瞒不过我的眼睛！"

过了十来天，扁鹊来拜见蔡桓公，见到病情已经加深，就说道："您现在的病情已经发展到皮和肉之间了，如果不进行治疗，恐怕还会继续发展。"蔡桓公根本不搭理他，还表现出非常生气的样子，于是扁鹊退下了。

又过了十几天，扁鹊再次来拜见，对蔡桓公说："这次您的病已经发展到肠胃里了，再不进行治疗，就会危及生命了。"蔡桓公依然不理不睬，扁鹊只得黯然退下。

又过了十多天，扁鹊远远地看到蔡桓公，扭头就跑了。蔡桓公感到很奇怪，就派人去问他是什么意思。扁鹊说："当病在皮肤表面的时候，用热水烫一下就能治愈；当病在皮肉之间的时候，可以用针灸的方法治疗；当病发展到肠胃的时候，虽然治疗起来麻烦一些，但服用几剂汤药仍然可以治好；但是病一旦深入骨髓，那只好由阎王爷来做主了。现在君王的病已经深入骨髓，我也无能为力了。"

得知扁鹊的话，蔡桓公仍然不肯承认自己病了。然而，五天以后，他突然感觉到浑身疼痛难耐，赶紧派人去请扁鹊。但是这时，扁鹊已经逃到秦国去了。不久，蔡桓公就病死了。

哲理启示

扁鹊第一次提醒蔡桓公的时候，病情只在表面上，很容易控制，但是蔡桓公没有理睬，还出言讽刺扁鹊；扁鹊第二次、第三次进行提醒的时候，仍然没有引起蔡桓公足够的重视；病情日益深入骨髓，等到蔡桓公醒悟的时候，已经无药可救了，只能等待死神的来临。

蔡桓公为什么对扁鹊三次的提醒都置之不理呢？可能是因为他根本没有感觉到自己有病；也许是因为他对医生有偏见；也有可能是他不敢承认自己有病，刻意去隐瞒自己的病情。无论是哪种情况，对于我们来说，蔡桓公的不幸遭遇都给我们敲响了警钟。

很多人对自己的短处采取隐藏的办法，害怕别人知道后嘲笑自己。当有人发现他的问题的时候，不是编谎言为自己辩解，就是诬蔑别人对自己有偏见。抱有这样的态度，又怎么能弥补自己的不足呢？总是存心把自己的缺陷隐藏起来，长期这样下去也会影响自己的心理健康。

让我们敞开自己的心扉，当别人指出了我们的错误，或者是发现我们的缺点时，我们要向对方表示感谢，并针对这些问题进行改正或者补足。这样，我们的生活中才会充满阳光，我们才能轻装上阵，愉快地向着理想的目标前进。

塞翁失马

世上没有绝对的好事，也没有绝对的坏事，在一定的条件下，好事会变成坏事，坏事也有可能转变成为好事。

从前，在长城以外的一个地方，住着一位老人，老人有一个酷爱骑马的儿子。一天，不知道是什么原因老人家里的一匹骏马跑丢了。邻里们听说这件事情，都感到十分惋惜，纷纷过来安慰老人："您丢失了一匹骏马，真是一个大损失。千万要想开一点，不要为了这件事情伤了身体，毕竟身体健康才是最重要的啊！"

老人笑了笑，淡淡地说："没关系，虽然这是一件不好的事情，但是谁又能说它不会变成一件好事呢？"大家觉得老人不过是在自我安慰，于是都笑着走开了。

过了一段时间，老人丢失的那匹马奇迹般地跑回来了，更让人不可思议的是，这匹马还带来了一群北方少数民族的良种马。邻里们纷纷来向老人祝贺，谁知老人非但没有喜形于色，反而有些忧伤地说："谁知道这件事情会不会变成坏事呢？"邻里们听了，纷纷笑他杞人忧天，这种好事又怎么会变成坏事呢！

家里一下子多了这么多好马，老人的儿子高兴坏了，他每天都骑着马出去玩，向伙伴们炫耀着自己的骑术。一天，他在表演骑马技巧的时候，一不小心从马上掉了下来，把腿给摔断了，从此以后只能借助拐杖来行走了。邻里们听到这个不幸的消息，纷纷来探望老人，希望老人不要过于悲伤。谁知老人并不感到难过，他不紧不慢地说："这件事可能会变成一件好事呢！"邻里们听了，脸上讪笑着，心里却想：这个老头，就会故弄玄虚，唯一的儿子都摔成了残废，将来生活都很困难，还会变成什么好事？真是让人摸不着头脑。

大约过了一年的光景，北方的游牧民族开始大举进攻中原，老人所在的村子正处在战争的最前线，村里的青壮年男子都被抓去当兵了，唯有老人的儿子因身有残疾而免去了兵役。后来，仗打完了，村里参军的年轻人十有八九都战死沙场，而老人和他的儿子依然过着平静的生活。

哲理启示

塞翁家里出现的事情，好的变成了坏的，坏的又变成了好的，什么是好事？什么是坏事？其实，这两者之间常常互相转化，睿智的塞翁明白这一道理，所以，他总能比别人看得更远。

在一定条件下，好事可以变成坏事，坏事也可能变成好事。例如，一次非常重要的考试，你发挥失常，考得一塌糊涂，这当然是一件非常糟糕、非常令人沮丧的事情了。但是在老师和同学的安慰和帮助下，你认真总结教训，对自己的知识进行全面的查漏补缺，从而对知识掌握得更加牢靠。这样在后来的一次考试中，你取得了比以前更好的成绩，这样坏事就在你端正态度、积极吸取教训的条件下，转变成好事了。相反，一次考试成功后，受到了父母和老师的奖励和赞扬，于是你就飘飘然了，以为自己现在很了不起，不必再努力学习了，于是就松懈下来结果在接下来的考试中，你的成绩大幅下降，这样好事就在你麻痹大意的情况下，变成了坏事。

第四章

目标是人生的方向

跟着北极星走

一个人的人生之旅，是在他选定目标之后才算真正开始，在此之前的生活，只不过是在不停地绕圈子而已。

比赛尔现在是西撒哈拉沙漠中的一颗明珠，它独特的风光和现代化的设施每年都能吸引成千上万的游客光临。它好像永远都繁华而热闹，但是事实上，在探险家肯·荣文发现它之前，这里还是一个贫穷而闭塞的地方。不是这里的人们不想到外面的世界去，他们也曾无数次尝试走出去，但是都没有成功。

肯·荣文不相信这种说法，他向许多人询问原因，被询问者的答案都如出一辙：从这里无论朝哪个方向走，最终总会转回原出发点。比塞尔人异口同声地回答引起了肯·荣文的怀疑，他决定自己走一遍试试，他从比塞尔村向北出发，结果不到三天半的时间，他就走出了沙漠。

实验证明，走出沙漠并不是一件非常困难的事情，但是为什么比塞尔人总是走不出去呢？肯·荣文百思不得其解，最后只得雇了一个当地人作为向导，看看这到底是怎么一回事。他们带足了半个月的干粮和水，牵着两峰骆驼，肯·荣文收起了指南针等现代设备，只挂着一根木棍，就出发了。

转眼十天过去了，他们大约走了 800 千米，在第十一天的早晨，果然又回到了比塞尔村。通过亲身的体验，肯·荣文终于找到了问题

的答案：比塞尔之所以走不出沙漠，是因为他们一直找不准方向。在一望无际的沙漠里，几乎没有任何参照物，如果一个人仅凭着直觉行走，那么他就会走出一个个大小不一的圆圈，最后的足迹十有八九是一个卷尺的形状。比塞尔村地处沙漠深处，如果没有指南针的帮助，想走出沙漠，确实不容易。

肯·荣文在离开比塞尔村的时候，将他发现的秘密告诉了一个叫阿古特尔的青年，也就是他上次的向导。肯·荣文对他说："你白天休息，夜里赶路，只要对着夜空北面的那颗星走，你就一定能够走出沙漠。"肯·荣文所说的那颗星就是北极星。

阿古特尔完全按照肯·荣文的指示去做，三天以后果然走到了沙漠的边缘。阿古特尔因此成了比塞尔村的开拓者，为了纪念他所做出的重大贡献，比塞尔人为他塑造了一座铜像，铜像的底座刻着这样一句话："新生活是从选定方向开始的。"至今，这座铜像依然矗立在比塞尔城的中央。

哲理启示

比塞尔人因为没有现代化设备，长期以来不能走出沙漠，所有的努力只留下一个个圆圈形的足迹。探险家发现了问题的所在，最后北极星为他们指明了前进的方向，繁华而热闹的新生活也就拉开了序幕。

对比塞尔人来说，方向起到了至关重要的作用。那么我们在学习上是不是也需要一个方向、一个目标呢？答案当然是肯定的。那么你的方向是什么呢？如果一时理不出头绪，那就说明你的目标还不明确，要抓紧确定一下方向，树立一个明确的目标了！

英国有句俗语：对于一艘没有目标的船来说，任何方向都是逆风的。这句话告诉了我们，目标的重要性，如果一个人的生活没有了目标，那么他就如同在伸手不见五指的黑夜里行走；没有了目标的生命，

就像是茫茫大海上没有灯塔指引的小船，失去了方向，永远也达不到坚实的彼岸。

在学习上也是这个道理，我们不能为了学习而学习，每天只知道完成老师布置的作业，却没有自己的理想，这样的学习怎么能不感到枯燥，怎么能一直信心百倍地学下去呢？如果我们树立了远大的理想，比如将来要成为一名伟大的科学家，为国家和人民多做贡献等。那么每天的学习都是为了向这个目标靠拢，这样你就会发现学习的价值，并能从中得到乐趣，将来也一定会有所成就的。

走成一条直线

盯准目标，朝着目标大踏步前进，我们就能少走弯路。

鹅毛般的大雪整整下了一夜，早上醒来，皑皑白雪覆盖了整个世界。在这样的鬼天气里，人们都愿意待在暖和的室内，聊聊天，或者打打扑克。但是这对父子却不能享受这样的清福，他们必须外出去办一件事情。

看着这漫无边际的雪白，父亲害怕儿子会打退堂鼓，必须找一个有趣的事情来做，以提高儿子走路的兴趣，父亲心想。但是做什么呢？他望了望周围，目光所及除了白雪还是白雪，空旷的大地上几乎没有什么景物能够逃脱大雪的覆盖。父亲有些失望地转过头，看着前方，忽然一个黑点映入了他的眼帘，那是必经之路上的一棵大树，哈！有了，有主意了。

父亲对儿子说："过来，儿子，我们来做一个比赛。看到了吗，前面有一棵大树，咱们不比赛谁先到那里，而是看谁在雪地上留下的脚印最直。如果最后你战胜了我，那么我将会有重赏。"

儿子歪着脑袋听完父亲的话，觉得父亲的主意不错，他开心地说："您的这个比赛很特别，我很愿意参加，如果能赢了您那就更好了。"

比赛开始了，儿子小心翼翼地走着，他低着头，眼睛紧盯着自己的双脚，小心地把一只脚放在另一只脚的前面，就这样一步一步地向

前挪。反正不比速度，我只要注意自己的脚步就行了，儿子得意地想。

儿子好不容易挪到了大树下，不出所料，父亲已经先到了，而且他还抽完了一支烟。儿子胸有成竹地对父亲说："哈哈！爸爸您走这么快，肯定要输了，看我走的路一定是笔直的！""那么让我们看看结果吧。"父亲微笑着说，"回头看看自己走过的路，再说大话吧，儿子。"儿子回头一看，大吃一惊，自己辛辛苦苦走出来的路，居然歪七扭八，反而是父亲脚印比较直。

儿子疑惑地问父亲："为什么我小心翼翼走出来的路，还不如您随意走出来的路直呢？"

父亲看着儿子，语重心长地说："要走成一条直线，最有效的方法是眼望着远方的目标，只要眼睛不曾离开目标，直奔目标而去，不知不觉就能走出一条直线。如果只盯着自己的脚下，而放弃了目标，当然就会走弯路了。"

哲理启示

为了赢得比赛，儿子走得小心翼翼，紧盯着自己的双脚，以为只要自己每一步都走得直，那么最终也一定能走出一条直线。而父亲则不同，他早早地把眼睛盯在了大树上，朝着大树的方向，来调整自己的脚步。结果呢，当然是经验丰富的父亲赢得了胜利。

从这个小故事中，我们能明白什么道理呢？无论是生活中还是学习上我们在制订计划时，目标一定要定得长远，只有这样才能少走弯路。如果紧盯着眼前的利益，就不容易把握前进的方向、做出正确的决定。比如在学习上，你把目标定在这一阶段的检测成绩要考好，于是你努力学习这一阶段的知识，结果如愿以偿地获得了检测的好成绩。但是，你在努力学习这一阶段知识的时候，都忘记了复习和巩固上一阶段所学的知识以及预习和准备下一阶段的学习，这样到了年终的考

试，你可能就不会取得理想的成绩了。如果你能在刚开始的时候，把目标定在年终考试考出好成绩上，然后对目标进行合理的分解，就不会出现这样的问题了。

还有的同学比较喜欢数学，就把目标定为成为数学尖子生。于是，在学习上他把大量的时间用在了数学上，结果把语文和其他科目都耽误了。到了期终考试的时候，成绩单上数学一枝独秀，而其他科目亮出了红灯，这种现象恐怕也不能让人满意吧。所以，我们可以制定这样的目标：各门功课均衡发展，争取成为数学的特长生。这样，最后肯定会得到一个不错的结果。

总而言之，我们在制定目标的时候，要从大处着眼，从长远着眼，这样才能避免走弯路的情形。

猴子摘苞谷

找准了自己的目标，就该持之以恒地朝着目标迈进。如果见异思迁，结果必然是一事无成。

很久很久以前，峨眉山上住着一只小猴子。

小猴子平时在爸爸妈妈的管教下，很少有机会下山玩耍，这次爸爸妈妈给了它一天假，让它到山下去见见世面。小猴子心想：难得有一次下山的机会，我一定要好好地玩一玩，看一看，一定要带一些好东西上山。

小猴子蹦蹦跳跳地下山了，它首先来到一个菜园子里面，菜园子里面种满了苞谷，现在苞谷已经成熟了。小猴子看着满园的苞谷，喜不自胜，就伸手掰了一个背在肩上，没想到这么快就有了收获，小猴子得意扬扬地继续向前走。

过了一会儿，它来到了一片桃林前，桃树一棵挨着一棵，看不到边。每一棵桃树上都挂满了又大又红的桃子，小猴子想到桃子的美味，禁不住口水都流了下来，它想：如果我带一些桃子回去，一定会受到大家的欢迎的。于是小猴子把苞谷扔在一边，爬树去摘了两个最大最红的桃子。

小猴子抱着桃子继续向前走，走着走着，忽然小猴子看到了一个西瓜园。满园又大又圆的西瓜在阳光底下，反射出诱人的光泽。小猴子心想：西瓜比桃子强多了，我还是去摘西瓜吧。于是，它扔了桃子，

伸手去摘了一个大西瓜。这时候，天渐渐黑了，小猴子打算抱着西瓜回家了，它转身出了瓜园，兴高采烈地上路了。

走过一个小树林，眼尖的小猴子发现了一只野兔。它看着兔子蹦蹦跳跳的，非常可爱，就想去捉住它，于是小猴子又把西瓜扔掉了，急急忙忙地去追野兔。野兔在树丛中跳来跳去，一下子没有了踪影，小猴子急得在树林里转来转去，可是怎么找也找不到那只野兔。

这时候，天已经完全黑下来了，可怜的小猴子不仅没有抓到兔子，还扔掉了西瓜、桃子和苞谷，现在它只能两手空空地回家了。

哲理启示

山下有那么多好东西，为什么小猴子最后一无所获呢？关键就是因为小猴子没有明确的目标，不知道自己想要的到底是什么。看到那么多好东西，什么都想要，结果什么都没有得到。

现在，同学们上课外特长班已经成为一种风尚，这也未尝不是一件好事，在学习课本知识之余，发展一下自己的兴趣爱好。但是有的同学对于报特长班没有明确的目标，有一个三年级的小女孩叫芳芳，她看到别的同学报特长班，也让父母给自己报。刚开始的时候，和一些好朋友报了一个钢琴班，学了没多久，发现练钢琴太苦了，不如学唱歌轻松。于是就放弃了钢琴班，报了唱歌班。后来，又觉得没有意思了，转而报了一个书法班。结果两年之内，她换了好几个班，别的同学钢琴都已经开始考级了，而她还是一事无成，时间白白地浪费，后悔也没用了。

芳芳和小猴子犯的是一样的错误，我们要引以为戒，在学习和生活中，首先要有一个明确的目标，然后对自己的目标要有耐性、要有恒心，不能见异思迁。否则只能是事倍功半，到最后落得个一事无成。

土拨鼠哪里去了

人们在追逐人生目标的时候，常常会被一些细枝末节和日常琐事分散了注意力，扰乱了视线，以至于中途停了下来，甚至走进了岔路，放弃了自己原定的目标。

课堂上，一向严肃有余、轻松不足的语文老师，突然要给大家讲一个故事，要大家认真听。同学们纷纷竖起耳朵，语文老师的故事娓娓道来：

有三只猎狗疯狂地去追一只土拨鼠，想把土拨鼠撕成碎片，可怜的土拨鼠跑呀跑呀，忽然发现前面有一个树洞。灵巧的土拨鼠"哧溜"一声钻进了树洞里。相对于小树洞来说，三只猎狗的身材显得太过庞大，没办法像土拨鼠一样钻进去，它们只能气急败坏地冲着树洞口吼叫。还好，树洞只有一个出口，狡猾的土拨鼠不可能逃出树洞。

过了一会儿，突然从树洞口里窜出一只肥胖的野兔，兔子龇牙咧嘴向猎狗挑衅，然后飞一般向前跑去。猎狗们被激怒了，再全力追赶可恶的兔子。兔子前面有一棵大树挡道，只见它"噌"地一下爬上树，但是仓皇之中没有站稳，又从树上掉了下来。正好砸在一只猎狗的脑袋上，然后弹起来又砸到另一只猎狗的脑袋上，又弹起来，砸到了第三只猎狗的脑袋上，这样把三只猎狗都砸昏了。

故事讲完了，老师问同学们："你们觉得这个故事有问题吗？"

同学们纷纷举手发言，有的说："兔子不会爬树。"

有的说："兔子不可能屡次弹起来，砸昏三只猎狗。"

"还有呢？"老师继续问。

直到同学们再也找不出什么问题来，老师才说："这里面还有一个很重要的问题，你们都没有提到，那就是：土拨鼠到哪里去了？"

哲理启示

土拨鼠哪里去了？那才是猎狗追逐的目标呀。兔子突然冒出来，分散了猎狗的注意力，而忘记自己的目标，在我们实现人生目标的时候也常常会出现这样的情况，被生活中的一些琐碎小事分散了精力，扰乱了视线，结果使自己的脚步停了下来，甚至是走上了歧途，不知不觉中放弃了自己原先设定的目标。

这样的事例，在我们的身边并不鲜见，有很多同学正值学习的大好时光，却被网络游戏迷住了，早已把学习知识的事情抛到了九霄云外，成绩自然是一落千丈，当面对家长失望的眼神时，才发现自己不知不觉中弄丢了"土拨鼠"，因而心中懊悔不已。世界上哪有后悔药可以吃，浪费掉的时间又怎么能追得回来？

我们要常常静下心来想一想，看看"土拨鼠"是否还在自己的视线之内，自己所追逐的目标是不是突然变成了无关紧要的"兔子"？时时提醒自己，不要忘记了那只土拨鼠，排除可恶的兔子的干扰，紧紧地盯住它，我想你一定能凭借自己的努力，抓到自己的那只土拨鼠！

蜘蛛结网的故事

貌似不可战胜的困难，其实并不能阻止你实现自己的理想。给自己一个坚定的信念，制订一个合理的计划并付出自己的努力，你离成功并不遥远！

在一座废弃庙宇的墙角，聚集着几只蜘蛛。对于这些蜘蛛来说，这个墙角是一个非常不错的地盘，不仅可以遮风挡雨，还有充足的食物来源。它们躲在这个墙角里，整天结网、捕食、聊天，过着悠闲而又不乏单调的生活。

一天，一只黑蜘蛛按捺不住了，它对同伴们说："我受够了这里的生活，我想看一看房子的另一端是什么样的世界。我们为什么不把两个檐头用网连接起来呢？"

黑蜘蛛的话让别的蜘蛛为之一愣，接着它们爆发出了一阵大笑："哈哈，哈哈，我说兄弟，你就别痴心妄想了。两个檐头之间相隔一丈多远呢，我们又不会飞，怎么可能用网把它们连接起来呢！"

同伴们的一番嘲笑并没有打消黑蜘蛛的决心，它想："虽然我不会飞，但是天无绝人之路，我一定可以通过自己的努力织好这只天网的。"仔细考察几天以后，黑蜘蛛心里有了谱，完成自己心愿的时机到来了。

一个风和日丽的早晨，黑蜘蛛开始行动了。它吐出丝，首先在自己所居住的檐头上打了一个结，然后顺着墙壁爬下来，一步一步向对

面的檐头爬去。一路上，黑蜘蛛小心翼翼地翘起自己的尾部，生怕丝沾上地面上的沙土。爬呀爬，每前进一步，就距离成功更近一步，黑蜘蛛已经爬上了对面的墙，胜利在望！忽然，一阵微风吹过，细丝被吹断，落在了墙面上。黑蜘蛛的第一次努力以失败告终。同伴们看到黑蜘蛛狼狈的样子，乐得哈哈大笑，心想：这个不自量力的家伙，现在应该知难而退了吧。

谁知，黑蜘蛛并没有因为第一次的失败而感到气馁，它默默地爬回住处，开始总结这次教训：我的方法并没有错，只是那一阵风有些意外，下一次注意一点，就一定能成功的。黑蜘蛛并没有多做休息，它马上开始了第二次的尝试。果然，这一次黑蜘蛛要幸运得多，它轻松走过了地面，又爬上了对面的檐头，对准了高度以后，收紧了丝。哈！第一步成功啦！

有了好的开头，接下来的事情就变得容易多了，黑蜘蛛很快在两个檐头之间结了一个很大的网。它站在网上，发现房子的另一边是一座旧花园，各色花儿竞相开放，蜜蜂和蝴蝶在花儿中间来回穿梭，远处一片绿草地。黑蜘蛛被眼前的美景陶醉了，而它的伙伴们仍然守在黑漆漆的角落里。

哲理启示

黑蜘蛛不会飞翔，却渴望把网织在半空中，它的想法受到了同伴们的嘲讽，但是它织网的信念非常坚决。黑蜘蛛勇敢地迈出了第一步，最终凭借自己的毅力，实现了不可能完成的梦想。站在自己的杰作之上，黑蜘蛛欣赏到了美丽的景色，而那些懦弱的家伙却永远没有这种福分。

在学习上也是这样，遇到困难的问题，有的同学连尝试一下的勇气都没有，就选择了放弃，心想：反正也是做不出来，干脆等老师讲

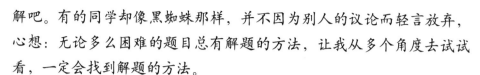

解吧。有的同学却像黑蜘蛛那样，并不因为别人的议论而轻言放弃，心想：无论多么困难的题目总有解题的方法，让我从多个角度去试试看，一定会找到解题的方法。

久而久之，这两类同学的差距就显现出来了：常放弃的同学渐渐养成了依赖老师讲解的习惯，学习变得非常被动，学习的兴趣也日益减弱；爱尝试的同学则恰恰相反，他们从探索中获得了乐趣，更坚定了他们探索下去的决心，渐渐地他们就习惯了自己去发现问题、解决问题，学习的兴趣日益高涨，学习的范围也不断扩展了。

你想做哪一类同学呢？不用说，我也知道你的答案，那就向创造奇迹的黑蜘蛛学习吧！

最短的路和最快的路

> 很多人因为想走捷径，反而把自己带进了死胡同，回头看看才发现白白浪费了光阴；走长一点的路，虽然要多受一些苦，但是那恰恰是到达目的地最快的路。

星期天，小明和朋友约好到郊外游玩。早上醒来，看一看时钟，已经8点钟了。糟了，小明心里暗想：9点集合，时间恐怕来不及了。他赶紧套上衣服，胡乱洗刷一遍就冲下楼，抬手叫了一辆出租车。

"师傅，我要到郊外去，时间来不及了，请您快一点开。"小明一边整理衣服，一边焦急地对司机说。

"那你要走最短的路，还是走最快的路？"司机转身问道。

司机的话让小明莫名其妙，"当然走最短的路了，这样更快一点。"

司机笑着说："最短的路可不是最快的路哦，现在是高峰时期，最短的路上交通堵塞，走的时间反而更长。你如果要赶时间，就必须绕道走，多走一点路，反而能够早一点到目的地。"

听了司机的解释，小明无暇多想，说道："哪条路更节省时间，就走哪一条路吧，快一点，我马上要迟到了。"

司机驾着汽车连拐了几条街道，途中小明看到不远处的一条道路交通拥堵得寸步难行。司机告诉小明，那条路就是最短的路。司机说得不错，如果走上了最短的路，现在恐怕也已经被包围在凝固的车流之中，小明也只能欲哭无泪了。而现在走的这条路，虽然绕远了一点，

却因为畅通无阻，而速度很快。最终，小明按时到达了集合地点。

哲理启示

　　走最短的路，还是最快的路？其实，我们不仅在坐出租车时会遇到这样的情况，学习和生活中处处都有类似的情况要我们选择。这些选择可能会让人感到难以取舍，其实多绕弯、多吃苦受累的路，却是最快的路。

　　很多同学有过走盘山路的经历，从山脚到山顶的直线距离其实很短，但是所有从山脚到山顶的道路都是盘山而上的。盘山路的长度往往是直线到山顶的几倍甚至是几十倍，人们为什么不修一条直接从山脚到山顶的捷径呢？如果真有这么一条路的话，恐怕会有很多人葬身在这条陡峭的道路上。

　　但是总有一些人喜欢走捷径，希望以最小的付出得到最大的回报。社会上的那些赌徒无不抱有这样的侥幸心理，他们不愿意用辛勤的劳动去创造财富，却期望走运而一夜暴富，但是事实上倾家荡产的概率是非常大的。有的同学，平时不努力，临到考试的时候抱佛脚，甚至是在考试的过程中做小动作。这些同学的侥幸心理是不足取的，就算是获得了"好成绩"，又能因此而有自豪感吗？反而是那些平时刻苦学习的同学，虽然多吃一些苦，多受一些累，心里更踏实，更容易获得成功。

白居易求道

道理虽然简单，但做起来却很难；明白再多高深的理论，却不能付诸实践，到最后也是一事无成。

大诗人白居易年轻的时候非常好学，但是也颇为高傲。他周游全国，四处向别人讨教高深的学问，每一次遇到高人总会虚心求教，但是用不了两天他就会"喜新厌旧"，觉得这个高人的水平也不怎么样，于是就将这个高人所讲的道理放到一边，开始去寻找下一个高人。就这样，白居易拜访了一个又一个高人，学到了很多大道理，但是他仍感觉差点什么。

一次偶然的机会，白居易听说远方有一位高僧，有很精深的学问。于是，白居易立即收拾行囊，踏上了寻访的道路。一路上风餐露宿，日夜兼程，终于赶到了高僧所在的庙宇。没想到，高僧向来讲究清静修行，并不轻易会客，只有遇到有缘人，才出来指点迷津。白居易屡次求见，都被拒之门外，没办法，为了解开心中的谜团，他只好在山下的旅店里先住下来，再等机会拜见高僧。

他等啊等，等了大半年，终于等到了高僧的接见。高僧平静而庄严的容貌，一下子镇住了白居易，他觉得自己这次算是遇到真正的世外高人了，就毕恭毕敬地问道："师父，我一直努力地去寻找高深的学问，也曾得到过许多高人的指点，但是至今仍然没有得到想要的知识。这到底是为什么呢？"

高僧看了看白居易，并没有回答他的问题，而是平静地反问："施主，你可知道怎样才能得道吗？"

白居易愣了愣，摇摇头说："小生不知道。"

高僧说："既然如此，那你还是回去，把这个问题想明白了再回来吧。"

白居易还想辩解，但是高僧早已闭上眼睛休息了，他只得轻轻地退出了禅房。回到旅店后，白居易埋头想了整整三天，抓破了脑袋，仍然没有得到令自己满意的答案。不得已，只能硬着头皮跑来向高僧求助。

白居易虚心地问："师父，请您告诉我怎样才能得道。"

高僧回答道："诸恶莫做，诸善奉行。"

白居易一听大失所望，他不解地问："这个道理连 3 岁的小孩子也明白呀。"

高僧回答道："虽然是 3 岁小孩子都能明白的道理，但是连 80 岁的老翁也难以办到啊。"

哲理启示

3 岁小孩子都明白的道理，80 岁的老翁也难办到，高僧的一句话点破了"道"的玄机，大道理人人都懂，关键是看你会不会去做。

每个同学都渴望取得好成绩，我们都知道要想取得好成绩必须不懈地努力。但是真正按照这个要求去做的同学又有多少呢？只有那些决心为成功付出汗水，并真正去实践的人，才能取得优异的成绩。学习和生活中的所有事情都是这样，要想成功，必须付出辛勤的汗水，谁都不能凭借空谈和幻想取得成功。

因此，我们不要说空话，随意表决心。先给自己制订一个合理、可行的学习计划，把学习和玩的时间安排妥当，该学习的时候不浪费一分钟的时间，该玩耍的时候，则痛痛快快地玩。严格按照学习计划来进行，一步一步脚踏实地地走下去，一定能取得优异的成绩。

在生活中，我们都想做一个受别人欢迎的人，也知道只有真诚地对待他人，付出自己的爱心才能赢得别人的爱。但是明白了这些道理还远远不够，还必须将理论付诸行动，并把这些行动化为自己的习惯，这样才能得到我们想要的结果。

长跑冠军的秘密武器

> 要想超越别人战胜对手，在竞争中获胜，就要赢在起跑线上，赢在冲刺阶段，在中间阶段保持常速就行。

一天，留学生小李和一位朋友在加拿大温哥华的一家酒吧里喝酒，朋友指了指远处一个背对着他们坐的瘦高个说："他就是加拿大著名的长跑运动员，经常拿国际比赛的冠军！"

"是吗？"小李来了兴致，"那么他很有成功的经验喽。"借着酒劲，小李来到了这位常胜将军的面前，问道："对不起，先生，能问您一个问题吗？"

长跑冠军笑了笑说："好的，我很乐意回答。"

态度不错，小李心中暗想着："听说您是一名著名的长跑运动员，经常拿到重大比赛的冠军，我想请教一下您的成功秘诀。您知道现在社会竞争太激烈了，要想获得成功，不仅需要付出数倍于人的努力，还需要有成功的小窍门。我想您的经验，一定对我们有很大帮助。"

"哦，如果真是那样的话，我将感到很荣幸。"长跑冠军友好地说，"其实，我成功的秘诀很简单，总结成一句话就是：'赢在开始和冲刺'。"

看着小李一头雾水的样子，长跑冠军解释道："参加比赛总能得奖牌，我的经验是：在起跑的第一步踏准，抢一个领先，然后全速奔跑；在中间阶段，保持常速就可以了，不必要消耗太多的体力；到了最后关头，

116

一定要狠狠地拼搏，用尽自己全身的力量去冲刺。我一直就是这么做的，对于我来说，跑步比赛要赢，就赢在开始和结束这两头。"

"有道理！"小李连连点头道，"您的这一番话，对于我来说确实有醍醐灌顶的感觉。这个经验不仅在您的跑步比赛中起到重要作用，我想在我的学习中，也会起到很好的效果的。谢谢您，我想这个简单的道理将会在我生活中起到重大的作用。"

哲理启示

学习竞争和跑步竞赛的成功之道大同小异，学习竞争的胜负取决于你智慧的运用情况，也就是取决于你的学习技巧。

赢在开始和冲刺是长跑冠军的经验之谈，让小李获益匪浅。那么你是否也有所感悟呢？其实，就像小李所说的那样，长跑冠军所总结出来的经验在我们的学习上也同样适用。先说赢在起跑线上，当裁判的发令枪响的瞬间，你就要迅速做出反应，立即跨出第一步，要踩得准，这样才能领先一步，占据优势。在学习上，当某门学科开始学习的时候，很多同学往往掉以轻心，心想反正才刚刚开始，未来有的是时间，到最后的冲刺阶段也能迎头赶上，结果往往因此而错失了良机，使自己在和别的同学的竞争中处于劣势地位。所以，我们在开始的阶段，就要抢先一步，全力以赴以期获得一个良好的开局，常言道："良好的开端是成功的一半。"

我们再来说赢在最后的冲刺阶段，其实真正的竞争对手，往往实力非常接近，高低不分，最终胜负往往在最后几步之间产生。一切的努力、一切的期望和梦想都在最后的时刻见分晓，如果在这个时候，你松懈下来了，那么就会前功尽弃；相反如果能够全力冲刺，就会大功告成。

用智慧取胜

人们做事之所以半途而废，并不是因为事情太难，或者阻力太大，而是觉得离成功太遥远。如果我们能够把总目标分割成若干小目标，为小目标不懈努力，就会觉得成功并不遥远。

1984 年，在东京的国际马拉松邀请赛上，一位默默无闻的日本选手山田本一甩掉所有对手，出人意料地夺得了世界冠军。赛后，当媒体记者问他是如何取得这样好的成绩时，这位新科冠军神秘地说："我凭借智慧战胜对手。"

当时所有的人对他的答案不以为然，认为这个凭借主场之利、偶然获胜的矮个子选手是在故弄玄虚。确实，对于马拉松这种超远距离的长跑，运动员取胜的钥匙就是体力和耐力，速度和爆发力也只能排在其次，从来没听说过哪位运动员能够运用智慧取得马拉松比赛的冠军。为此，有记者在媒体上撰文，对山田本一极尽讽刺。

两年以后，山田本一代表日本参加了意大利举办的国际马拉松邀请赛，这次比赛，他又一次以无可争议的成绩获得了冠军。赛后，记者们又请他谈一谈经验，然而性情木讷、不善言辞的山田本一，仍然重复他两年前的答案：用智慧战胜对手。这一次，记者们没有在报纸上挖苦他，但是对于他所说的智慧，仍然是不得其解。

10 年以后，这个令人们困惑的问题终于被山田本一本人解开了。他在自传中这样写道：我在每一次比赛之前，都会事先乘车仔细研究

比赛路线，并把沿线一些比较醒目的标志画下来。比如，第一个标志可能是一座雄伟的银行，第二个标志是一个旗杆等，这样在赛程的各个阶段都有我找的标志。比赛开始以后，我以最快的速度向第一个标志冲去，然后以同样的速度冲向下一个目标，就这样，40多千米的赛程被我分割成几个小目标，轻松地给克服了。是的，我成功的秘诀就是：把整个赛程分割成若干个小目标，然后一个个加以克服。起初的时候，我并不知道这种方法，像大多数运动员一样，把终点作为唯一的目标，结果我跑了十几千米以后就坚持不住了，我被前面漫长的路程吓倒了。然而，自从我使用分割目标的方法以后，比赛变得轻松多了。

哲理启示

山田本一用智慧去赢得对手，他的智慧就是把一个大的目标分成许多小目标，战胜一个个小的目标，比一下子去战胜一个大的目标要容易多了，而且也增强了必胜的信心。

比如，一个同学的目标是当一位伟大的科学家，将来为国家的现代化建设做出卓越的贡献。但是，这样的目标至少也得十几年以后才能实现，十几年，这是一个多么漫长的一段时间呀！十几年的不懈努力，这恐怕任何一个小学生都会感到有巨大的压力，做一个伟大的科学家，我们必须有非常扎实的基础知识，所以我们每一年都要有很好的成绩，每一堂课都要认真听讲，每一天晚上都要认真做好老师布置的作业，并预习好明天的课程。我们把十几年的目标，分割成每一年的阶段目标，每一天的具体目标，每完成一个小目标，我们距离总目标就更进了一步。每一天，在成功的喜悦中，去迎接下一个目标。

没有人可以一步登天，成功从来都是一步一步走出来的，我想经过长期不懈的努力，我们最终一定会像山田本一一样获得成功的。

小河流的旅途

只要内在的本质不发生改变，外在的形式怎样改变又有什么关系呢？有时候，选择了改变，就选择了生存，就选择了更好的发展。

春天到了，天山顶上晶莹的白雪融化成水，汇成了一条小河。小河哗啦啦地流过山谷，流过草地，流过了许多村庄和森林。后来，他来到了一个干旱的沙漠，小河流从没见识过这么浩瀚的沙漠，它像往常一样快乐地向前冲，但是很快它就发现，自己的身体在慢慢地消瘦，很多河水都被沙子吸走了。小河流惊慌极了，它左冲右突，但是怎么也阻止不了河水的流失，小河流绝望了，它叹息道："我注定是到不了东方的太平洋了。"

这时候，一个低沉的声音传到小河流的耳朵里："风儿可以越过沙漠，你为什么不可以呢？"小河流四下一看，没有发现别人，原来是它的"绊脚石"沙漠所发出的声音。小河流不屑地说："风儿能越过沙漠，是因为它有像鸟儿一样的翅膀，我没有翅膀，怎么能像它一样越过沙漠呢？你呀，什么都不懂，就别给我添乱了。"

"如果你坚持自己美丽的形体，那么你永远都不可能成功地跨越我。你必须让风儿做你的翅膀，带着你从我的上空飞过，才能到达目的地。做到这一点并不困难，你只要让自己蒸发到风中就可以了。"沙漠劝说道。

"放弃我现在的样子！"小河流惊叫起来，"不，不行，我从来没有听说过这样的事情，这太可怕了，蒸发在风中，那我不是毁灭了吗？"

"没有你想象的那么严重，你变成气体以后，风儿会托着你从我头上飘过，当遇到高山的时候，或者是对流的空气，你就可以变成雨水降落到地面上。然后，这些雨水又会汇成小河，继续向前奔流。"沙漠耐心地解释说。

"那么，变化以后，我还是我吗？还是从天山上下来的我吗？"小河流疑惑地问。

"可以说是，也可以说不是。"沙漠回答道，"你的形式发生了变化，但是你的本质从来没有变化过。看来，到现在你还没有弄清楚你自己，其实你像孙悟空一样具有变化的特性！"

小河流若有所悟地点了点头："谢谢你的教诲！"它真诚地向沙漠道谢。于是，它停止了无谓的努力，与风儿商量怎样让自己变成水蒸气。风儿告诉它，太阳公公可以帮上大忙。

十几天以后，小河流成功地完成了变身，在风儿的帮助下，它轻轻地飞上了天空。它不断地挥手向沙漠告别，感谢沙漠的帮助。

后来，小河流又变成了自己，现在它变得更聪明了，把自己融入浩浩荡荡的长江中，朝着太平洋飞奔而去。

哲理启示

如果坚持自己的外形不做改变，小河流一定会在沙漠中消耗殆尽，听从了沙漠的劝说，小河流选择了形式上的转变。结果它成功地跨越了沙漠，朝着自己的目标，大踏步而去。

我们的生命历程也像小河流一样，不会一帆风顺，总有困难挡道，要想跨越这些障碍，向着心中的理想迈进，有时候，我们就不得不改

变自己去适应环境。在面对改变的时候，你可以这样问自己：我是怎样的人？我的理想是什么？我怎样去实现它？回答这些问题，有助于你思想的转变。

比如，你刚换了一个新同桌，同桌的性格比较要强，常常和同样要强的你发生冲突。为了不影响学习，为了和同学友好相处，你可以适当地改变一下自己的习惯或者口头语，这有什么呢？这不会使你掉一根头发，你还是你，改变的是你变得更加成熟懂事，赢得了同桌的友谊。

希望你能够了解生命绝不是一种形式，它要的是实质内容。当环境需要你调整自己的时候，就让内心的渴望作为你最佳的顾问和指引方向的导师。虽然外表看起来有许多改变，但是你明白自己的本质从没有发生任何变化，而且，这些改变更加有益于你的学习和成长。

失聪的青蛙

当别人说出让你丧气的话的时候，当别人否定你的努力的时候，当别人无端议论是非的时候，你就可以选择做一个"聋子"。

青蛙王国推选国王的日子到了，成千上万的青蛙聚集在一起，希望通过一场比赛来选出它们的英雄。比赛的规则非常简单，谁能够在最短的时间内，爬上指定的大树，谁就是新的国王。

随着一声洪亮的蛙叫，比赛正式开始了，参加竞赛的青蛙健儿们一鼓作气，奋力向前。"加油！加油！……"围观的青蛙们拼命地为它们的勇士打气。忽然，加油声中出现一个声音："大树这么高，它们有可能爬上去吗？"这个声音像瘟疫一样，迅速在青蛙群中传播开来。"我看这个比赛根本就不可行，没有青蛙能爬到那么高的树上。""而且，一不小心掉下来，必死无疑！"……议论声越来越大。

青蛙勇士们开始动摇了，终于第一只青蛙放弃了，它跳下来，连连摇头，叹道："树太高了，根本爬不上去！"接着是第二只、第三只、第四只……绝大多数的青蛙纷纷放弃，它们无一不说，比赛项目根本无法完成。

还有少数几个意志坚强的青蛙，顶着议论声奋力往上爬，已经爬了三分之二，胜利在望了。"啊，它们已经爬那么高了，坏了，这下更危险了，一旦出现意外，后果不堪设想！"观众们又开始议论纷纷，

一只青蛙怯怯地向下看了看，"妈呀！怎么这么高！"它一阵头晕，忽然脚下踏空，从半空中跌落下来，"啊……"一声惨叫传来。

其他还在树上的青蛙听到叫声，都忍不住向下看了看，"刚才掉下去的兄弟，摔得不轻啊。"它们小声嘀咕着，纷纷选择了放弃。

树上还有最后一只青蛙，这只青蛙完全不理会下面的议论，一步一步向上爬，目标越来越近了，还有5步、4步、3步、2步、1步，它终于成功了！成功地爬到了顶点！它成了新的国王，观众们疯狂地向它欢呼。

这只青蛙下来后，面对青蛙们的祝贺，它指了指耳朵，抱歉地说："真是不好意思，我是一个聋子，你们所说的一切，我都听不见。"

哲理启示

生活中，老师的谆谆教导，让我们看清了前进的方向；家长的苦口婆心，让我们明白了做人的道理；朋友们的朴实话语，激起我们奋进的勇气。对于这些话，我们不仅要认真听，而且要牢记在心底。

生活岂能处处尽如人意？现实中，并不是所有的话语都有利于我们的成长。或许当我们需要理解和宽容的时候，却得到责难和苛求；当我们需要鼓励和安慰的时候，却得到嘲笑甚至是谩骂；当我们向前冲刺的时候，却得到了质疑和不屑……每当这个时候，我们就要学会闭上耳朵，把这一切侵害阻挡在外，不要让它来阻止我们前进的脚步。

历史上，有许多科学家不畏别人的诋毁，勇敢地宣布自己惊世骇俗的发现，受到后人的敬仰；也有科学家害怕受到打击和报复，把自己伟大的发现再三推迟发表，结果影响了科学发展的进程。比如，德国著名数学家高斯，他本来可以在科学的道路上走得更远，赢得更大的声誉，但是由于他对别人指责的畏惧，使自己一度停滞不前。

　　我们应该具有分辨好话歹话的能力，认定了前进的方向，就要勇敢地走下去，至于别人所说的话，正确地加以区分，然后再决定听取还是摒弃。只有这样，我们才能够在生活和学习上轻装上阵，赢得一个又一个胜利。

大鱼奔大江

顽强的斗志可以征服世界上任何一座高峰。

旱季来了，河床就要干涸了。

这是在非洲，曾经湍急的河流已经变成了一个个小水洼，烈日下，龟裂的河床在急速扩展，远处，却隐隐传来了大江的涛声，鱼儿们从一个水洼跳到另一个水洼，奔涛声而去。

"还有多远呢？"一个不大的水洼里，一条大鱼喘着粗气，问躺着歇息的一尾小鱼。

"远着呢！别费劲了，到不了大江的。"小鱼悠然地在水洼里游了一圈说，"做什么大江的梦啊，现实点，就在这儿待着吧！"

"可用不了多久，这水洼里的水就会干的。"

"那又怎样？长路漫漫，你又能走多远？离大江50步和离大江100步有什么区别？结局都是一样的，要看结局，懂吗？"

"即便真的到不了大江，只要我已经尽力了，也不后悔。"

"你已经遍体鳞伤了，老兄！"小鱼自如地扭动着自己保养得很好的身体，嘲弄着在小水洼里已经转不开身的大鱼，"像你这样笨重的身材，不老老实实在原处待着，还奔什么大江啊？你以为自己还年轻啊？就算真的有鱼能到达大江，也轮不到你！"

小鱼戳到了大鱼的痛处，它望着小鱼说："真的很羡慕你们有如此娇小的身材，在越来越浅的水洼里，只有你们才能自如地呼吸，可是，

再苦再难，我们大鱼也得朝前奔啊，我们也得把握自己的命运。"大鱼说完，一个纵身，跳入了下一个水洼，它听见了小鱼抑制不住的笑声。它知道，自己的动作很笨拙，它看见自己的鱼鳞又脱落了几片，而肚皮已渗出斑斑血迹，但它对自己说：此时此刻，除了向前，已别无选择。

水洼的面积越来越小，大鱼知道，前面的路将越发艰难，它已很难再喝到水了，偶尔滋润干唇的是自己的泪。沿途，它看见大片大片的鱼变成了鱼干，其中，有许多是比它灵活得多的小鱼。

每一个水洼里都躺着懒得再动的伙伴，它们大口大口地喘着粗气，对大鱼说："别跳了，省点力气吧！没用的。"而大鱼却分明听见了越来越近的涛声。"坚持，"它对自己说，"唯有坚持，才有希望。"

不知跳了多久，大鱼终于看见了大江的波涛，可是，它的体力已经在长途跋涉中消耗殆尽，通向大江的路上，最后的一个水洼也干涸了。虽然只有一步之遥，可大鱼想，它是到不了大江了。就在这时，它听见了水声，接着，便看见一股小小的水流缓缓流来，这是即将干涸的河床在这个夏季最后的一股水流吧？大鱼抓住了这个机会，在水流的帮助下，一鼓作气奔向大江。而那些留在水洼里的鱼儿，却只是让这股水流稍稍往前带出了一小步而已，大江离它们依旧遥不可及。而干旱却以无法阻挡的步伐占领了这片土地。

面对已然干涸的河床，只有跳入大江的鱼儿知道，机遇，曾经来过。

哲理启示

在这个世界上，只有强者才能掌握自己的命运，就像故事中的大鱼一样，以一种永不屈服的斗志，昂扬的精神和毅力，克服了种种困难，奔入大海，拥有自由，延展生命。

所谓斗志，是做自己命运主宰时，不朝秦暮楚，不被眼前的困难吓倒，不半途而废，不浅尝辄止，不功亏一篑。持之以恒是一种斗志，一种精神。

强者有些什么共同的条件？斗志！大多数强者只有平常的智慧和能力，可是他们在完成一项工作时，在遭受重大挫折时，在工作极其繁重时，却有超乎常人的耐心和毅力。如果你有这种品质并能加以培养，那么你一定能找到最适合的工作，并在其中出人头地，成为强者。

任何人在向理想目标挺进的过程中，都难免会遇到各种阻力和重重困难，在这种情况下斗志是最难能可贵的。斗志是一种毅力，一种精神。世界上没有任何东西能够代替斗志。才干不能，有才干的失败者多如过江之鲫；天才不能，"天才无报偿"已成为一句俗话，唯有斗志才能征服一切。

斗志总是有代价的，总是有价值的。

你在奋斗时需要有耐心，有斗志，成功就在眼前。

一切都是因为你自己拥有斗志才能实现。

坚持不懈，就是"韧"，就是顽强的毅力。斗志不仅是希望学有所成的人必须具有的精神，也是干一切事情所应有的科学态度。伟大的生物学家达尔文就说过："我所完成的任何科学工作，都是通过长期的考虑、忍耐和勤奋得来的。"

做一个强者，首先是做一个精神上的强者，一个坚忍不拔、威武不屈的人。世间不存在人无法克服的艰难和困苦，在你面临绝境时，在你气喘吁吁甚至筋疲力尽时，你只要再坚持一下，奋力拼搏一下，困难就会被你征服了，你就坚强了许多。

第五章
为成功寻找方法

人生的选择

人生只有一次，好好地把握这唯一的机会。在人生道路上要做出慎重的选择，只有这样你才能拥有无悔的人生。

几个学生向苏格拉底讨教人生的真谛。苏格拉底把他们领到一片果林前，正是成熟的季节，果树的枝头挂满了沉甸甸的果实。"你们每个人顺着一行果树，穿过果林，挑选一枚你认为最大最好的果实，记住：只有一次选择机会，不能进行二次及以上的选择，也不准走回头路。好了，现在你们出发吧！"

学生们听从老师的话，谨慎地做着选择，过了好久，才从果林的这一头来到果林的另一头，而苏格拉底已经站在那里等着他们了。

"怎么样，对自己的选择满意吗？"苏格拉底笑着问。

学生们面面相觑，谁也不开口。

"怎么了，孩子们，你们选择到自己满意的果实了吗？" 苏格拉底再次问。

"老师，再给我一次机会吧。"一个学生懊恼地说，"我刚进果林的时候，就看到了一枚又大又圆的果实，我以为后面还会有更好的果实，于是就放弃了这一枚，等我走完全程后，才发现，还是刚开始的那一枚果实最好。"

"我的遭遇刚好和这位同学相反。"另一个学生接着说，"我一进树林就相中了一枚果实，毫不犹豫地把它摘了下来，结果走着走着，我

130

发现了许多更大更好的果实，我对自己刚开始时的冲动，别提多后悔了。"

老师再给我一次机会吧，我相信下一次我一定会做出正确的选择的！"

"再给我们一次机会吧，再给我们一次机会吧！"学生们嚷起来。

"不行，孩子们！"苏格拉底严肃地说，"人生就是这样，你没有第二次选择的机会。在以后的道路上请你慎重地选择！"

哲理启示

　　苏格拉底为他的学生们上了刻骨铭心的一课，相信你也从中领悟了深刻的人生哲理。不错，生活中，我们似乎有无限多的选择机会。但是，所有的选择都是唯一的，不可回头的。成功也好，失败也好，快乐也好，悲伤也好，一旦我们做出了决定，就同时没有了再次选择的机会。常常会有人这样说：假如给我再来一次的机会，我会……然而，永远没有再来一次的机会，我们所能做的，只有珍惜眼前的机会，慎重做出自己的选择！

　　清晨，你可以选择赖在被窝里，贪恋最后的温暖；也可以选择晨起大声朗读，汲取知识的营养。无论你做出什么样的选择，一个清晨都会一如既往地溜走。明天清晨，你又会面临同样的选择。大好的光阴，你可以选择在电脑前"冲杀"或者和陌生人海阔天空地聊天，也可以选择在课桌前埋头苦读。无论做出什么选择，太阳都会准时地落下，第二天，又会面临同样的选择。

　　在我们的一生中，我们会做出不计其数的选择，你做出了什么样的选择，就决定了你获得什么样的结果。慎重每一次选择，最终收获的果实一定是最大最圆的那一个！

哲学家和双面神

"过去"已经不可追回，"未来"还是一片虚幻。面对生活，我们应该这样告诫自己："现在"才是我们生命中能够实实在在用心去经营的时光！

一位哲学家在考察古罗马遗址的时候，偶然发现了一个双面神像。哲学家从没有见过这样的神像，感到非常好奇，就问道："您是什么神呀，为什么有两张面孔呢？"

神像傲慢地回答："连我是谁都不知道，你真是才疏学浅啊，我就是传说中的双面神，古罗马赫赫有名的双面神！哈哈！"

双面神的奚落让哲学家有点惭愧，他小心翼翼地问道："那么，您的两张面孔都有什么作用呢？"

"嗯，作用可大了，后辈小子，你听清楚了。"双面神神气十足地说，"我的一张面孔回视过去，吸取历史的教训；一张面孔，遥望未来，充满胜利的希望。"

哲学家又问道："那么现在呢？最有意义的现在，您注意到了吗？"

"现在？"双面神一愣，说道，"我只顾着回首过去和展望未来了，哪里还有时间去管什么现在？"

"您居然没有注意过现在？"哲学家叹息道，"过去的已经永远地消逝了，未来还是一片虚幻，我们唯一能够把握的就是现在，如果

132

不能致力于现在，那么即使你对过去了如指掌，对未来充满了信心，那又有什么用呢？"

双面神听了，恍然大悟，不禁失声痛哭起来："千百年来，我一直不明白，曾经如此强大的罗马为什么会落到这步田地。你的一席话才惊醒了梦中人，你说得没错，我是没有注意到现在，才让罗马的辉煌昙花一现，而我自己也被别人像丢垃圾一样丢到了废墟里。"

哲理启示

　　每个人都有自己的过去，但是人不能总是活在回忆中。而将来，却又披着神秘的面纱，没有人可以掀开这层面纱，一览无遗地看清楚它的样子。只有今天，只有现在的每时每刻，才是我们所能把握的，是我们所能随意支配的光阴。

　　为昨天的荣誉或者失败而大喜大悲的人，是时间的奴隶，会失去今天和明天。无论昨天有过怎样的辉煌或者失败，我们都应该把它锁在记忆的抽屉里，不要让它跑出来分散今天的精力。曾经有一位同学，他以前的成绩非常好，每一次考试都名列前茅，正在他的学习非常顺利的时候，生了一场大病，回来以后成绩一落千丈。这位同学不能接受这样的现实，每天都沉浸在对过去辉煌的回忆中，结果他彻底沦为了一个成绩差的学生。

　　我们每个人都要树立美好的理想，没有人可以怀疑它有实现的可能，但是要让理想变成现实，就需要我们今天付出努力。谈到理想的时候，很多同学都满怀憧憬，似乎理想在谈笑中就能实现一样，却不知道，我们今天的行为直接决定着未来能否成功。因此，明确理想固然重要，把握住现在的一分一秒则更为重要。

为自己引一眼清泉

时间就像海绵里的水，只要愿挤，终会有的。做时间的主人，充分利用好点滴的时间去为自己的理想而奋斗，日积月累，你将会创造一个个奇迹！

从前，有两座相邻的大山，两座大山上各有一个寺庙分别住着左清和右真两个年龄相仿的小和尚。每天的同一时间，两个小和尚都要下山去挑水，相遇的时候，他们都会站在溪水的两边互相问候一声。

一天，左清对右真说："听到没有，两座山之间有泉水流淌的声音？"

右真懒懒地回答道："早就听到了，那又能怎么样呢？泉水夹在山壁之间，你总不能钻过去挑水吧！"

左清认真地说："泉水的声音这么清晰，这说明山壁并不厚，也许我们可以凿透山壁，用竹筒引出山泉呢，这样就不必每天都跑下山来挑水了。"

右真像听了鬼故事一样，张大嘴巴看着左清："你不是在做梦吧？山壁再薄那也是山壁呀，哪能那么容易就能凿穿！再说了，我们每天还要打扫卫生、挑水、劈柴……根本没有空余的时间去凿山壁。所以我劝你，还是不要做春秋大梦了。"

左清笑了笑，没有说什么。

时光如梭，不知不觉中就过去了三年。忽然有一天，左清没有下山挑水，也许是生病了吧，右真心想。但是第二天、第三天……一个

134

月都过去了，还是没有见到左清下山。看来这左清和尚病得不轻，我得上山去看一看，于是右真就来到了左清住的寺庙。

进入寺庙以后，右真发现左清正在悠闲地打着太极拳，精神很好，一点也不像生病的样子。他忍不住好奇地问："你已经有一个月没有下山挑水了，难道你们不喝水了吗？"

左清笑着把右真拉到墙角，看到一股清泉正汩汩地从一只竹筒中流淌出来，"还记得三年前我对你说的话吗？"左清问右真。

"哦，原来你已经打通了山壁，可是你怎么有那么多时间呢？"

"3年来，我把所有空余的时间都用在凿山壁上了，即使是在非常忙碌的时候，我也会坚持凿一点。这样日积月累，终于在一个月前，打通了山壁。现在我再也不必下山去挑水了，可以省出更多的时间用来做我喜欢做的事情啦！"

右真听得目瞪口呆。

哲理启示

时间如同河水一般，日夜不停地流走。在你看电视的时候，时间在精彩的节目背后悄悄溜走；在你玩耍的时候，时间在你嬉闹的身影旁滑过；在你打瞌睡的时候，时间灵巧地从你的身上一飞而过……燕子飞走了，还有飞回来的时候；杨柳枯萎了，还有再返青的时候；花儿落了，明年的春天还会再开。然而，时间一去就再不复返，"少壮不努力，老大徒伤悲"，很多人在白发苍苍的时候，追悔自己虚度了大好的光阴。

三年之中，左清和尚在保证日常工作和学习的前提下，利用一切能利用到的零碎时间去凿山壁，最终为自己引了一眼清泉。我们是不是也要为自己引一眼清泉，利用点滴的时间去充实自己的人生呢？不要给自己找借口，说你要上课又要做作业，没有时间。其实时间是挤

出来的，只要你用心，时间总还是有的。

在我们看似紧张的生活中，你总能挤出一些时间多看几页书，多学一点知识；在别人偷懒、玩耍的时候，你可以多做一些有意义的事情。不要小看这些一点一滴的收获，日积月累，你就会从中获得大益处。因为这些小的积累，你就会跑在别人的前头，比别人更快地到达成功的终点站。

记住：先人一步，处处黄金。不要让时间从身边悄悄溜走，和时间展开赛跑，那么你距离成功也就不远了。

装不满的罐子

什么才是我们生命中的"鹅卵石"呢？擦亮自己的眼睛，去发现它，然后排除一切干扰，把它先放进生命的罐子里。

在一次班会上，老师为了教育大家如何利用时间，就做了一个小实验。老师在桌子上放了一个大罐子，然后从桌子下面拿出来一些大小刚好能通过罐子口的鹅卵石。老师把罐子塞满后，问同学们："你们说这罐子是不是满的？"

"是满的！"同学们争先恐后地回答。

"真的吗？"老师笑着问，接着他又从桌子下面拿出一小袋碎石子，倒进罐子里，摇一摇，碎石子就填满了鹅卵石的空隙。"同学们，现在罐子是不是满的呢？"这一次，同学们不敢轻易回答了，过了一会儿才有同学犹犹豫豫地说："罐子也许还没有满吧。"

"说得对！"老师满意地点点头，又从桌子下面提出一小袋沙子，慢慢把沙子倒进了罐子里面。倒完后，老师又抬头问同学们："谁能告诉我，现在的罐子是满的呢？还是不满的？"同学们这次全都学乖了，他们信心满满地回答："还没有满！"

"非常好！同学们的回答非常正确，真是孺子可教也。"老师像旧时的私塾先生一样摇着脑袋称赞道，同学们全被老师的幽默逗得哈哈大笑。说完，老师又从桌底下拿出一瓶水，小心翼翼地把水全倒进了罐子里面。这时候老师正色问同学们："从这件事情上，同学们可

以得到哪些启示？"

同学们都静下来，仔细地思考老师的问题，过了一会儿，学习委员起来回答道："这是告诉我们，无论我们有多忙，时间安排得有多么紧凑。只要我们有心，还是能找到一些时间间隙，做一些事情。比如我们在坐车来学校的路上，可以听一听英语磁带等。"说完，学习委员得意地望着老师，心想：这本来就是一堂讲如何利用时间的班会课，我的答案一定是完美无缺的。

听了学习委员的回答，老师点点头，微笑着说："这样说也有道理，但这并不是我最想说明的。"老师顿了顿，目光在教室里扫视一遍后，接着说："我想要说明的是，如果你不先把大的鹅卵石放进罐子里，那么以后你可能永远也没有机会放进去了。"

哲理启示

对于生活和学习中林林总总的事情，我们可以按照重要性和紧急性的不同，确定先处理哪些事情，后处理哪些事情。这样才能把鹅卵石、碎石子、沙子和水都放进罐子里去。

比如，有的同学因为语文作业没有按时完成，就在数学课上补语文作业。结果语文作业补好了，一节数学课却耽误了。这样做就不对，我们应该先认真听老师讲课，因为一旦错过了老师的讲解，以后就没有机会补救了，而语文作业完全可以利用课余的时间补上。在这种情况下，数学老师的讲解就是那颗"鹅卵石"。

另外，放在整个人生旅途中去考虑这件事情，我们也可以得到一些启示。人们常说每一个年龄段，都有这个年龄段所要完成的事情。如果在这个年龄段，不去做他所应该做的事，那么到了下个年龄段，就很难有机会去补救了。对于我们现在所处的年龄段，最重要的任务就是学习。如果在这个年龄段，你因为贪玩或者其他的什么原因，错

过了学习的大好时机，长大以后，你一定会为此而深感遗憾的。因此，我们应该把主要的精力放在学习上，这样才能为未来的发展打下良好的基础。

　　总之，无论是从短期来看，还是从长期来看，我们都要找到自己的"鹅卵石"，先把它放进罐子里。

当机立断

有了好的想法就要付诸行动，否则永远都只是空想。在行动时，有时会遇到好多复杂的情况，如果不当机立断就可能贻误时机。犹豫不决是成功的大敌。

著名的华裔电脑大亨王安博士，声称影响他一生的最大教训，发生在他 6 岁的时候。

一天，小王安到外边去玩耍，路过一棵大树的时候，忽然有一个东西砸到了他的脑袋上，他伸手一抓，原来是一个鸟巢。想到鸟巢里面可能有鸟粪，会弄脏自己的衣服，王安赶紧把鸟巢扔在地上。

这时候，鸟巢里面滚出了一只嗷嗷待哺的小麻雀，它伸长脖子，张开嫩黄的嘴拼命地向着小王安叫。它一定是饿了，怎么办呢？如果我不管的话，它一定会被饿死的。善良的小王安决定把小麻雀带回家喂养。

当他捧着鸟巢来到家门口的时候，忽然想起妈妈不允许在家里面养小动物。于是，他就把鸟巢轻轻地放在门后面，急急忙忙地走进屋子，去请求妈妈的允许。"妈妈，我捡了一只小麻雀，可不可以喂养它？"王安小心翼翼地问。

"不行，小鸟会把家里弄脏的，而且你也不懂得照顾它呀！"妈妈的态度和想象中的一样。

"可是，小麻雀现在是无家可归，自己的翅膀又没有长硬。如果

我不管它，它一定会死掉的。您常常说要有爱心，就让我为小麻雀奉献一点爱心吧！"

看到王安一脸可怜相，妈妈心里一软就答应了他："好吧，你可以养小麻雀。不过，你一定要尽力照顾它，不要让它受到伤害，再把它放归大自然。"

"没问题！"为小麻雀争取到了"居住证"，王安高兴极了，他立即跑到门后，要正式接纳这个新成员。当他转过门一看，眼前的景象让他大吃一惊：鸟巢已经被撕破，而小麻雀也没有了踪影。很显然这里曾发生过一起"谋杀案"，小王安绝望地四处寻找。看到一只黑猫正在那里意犹未尽地舔着嘴巴。

这件事情让王安伤心了很久，从中他总结出了一个教训：凡是自己认为正确的事情，就要毫不犹豫地去做，如果凡事不当机立断就很有可能造成无法收拾的后果。

哲理启示

果断的个性是我们每个人必备的素质，认准了正确的事情，就应该马上去做，决不可优柔寡断。诚然不能立即做出决断的人会较少犯错，但是同时也失去了许多成功的机遇。

小王安出于一片爱心要收养小麻雀，但是考虑到母亲的告诫，只得先征求母亲的同意。然而就在这段时间内，可怜的小麻雀命丧猫口。收养小麻雀并不是一件错误的事情，小王安完全可以先行把麻雀安顿好，再去向妈妈解释，妈妈不会为这件小事而责骂他。但是，小王安的犹豫还是铸就了错误。

在一个深夜里，乘客满满的斯蒂文·惠特尼号轮船在爱尔兰撞上了悬崖，船在悬崖边停了一段时间，有的乘客抓住这个机会，迅速跳到悬崖上，结果他们获救了，有的乘客犹犹豫豫，不敢迈出豪华的客船，

最终他们永远地埋葬在海底了。当机立断，有时候会拯救一个人的生命！

　　作为一个小学生，当机立断对于我们来说，是每天早上起床的时候，不磨磨蹭蹭，闹钟一响，立即钻出被窝；是做选择题的时候，认为正确的马上做出选择，不思前顾后；从现在起培养自己当机立断的素质，那么未来，我们就会抓住更多的机会。

扫码获取更多资源

练习跑步的小鹿

如果能做到"洪水未到先筑堤，豺狼未来先磨刀"，那么危险就不会找到你；平时不努力，临时抱佛脚，后果通常很糟糕。

春天来了，森林里又焕发出了生气。大树换上了新衣，小草也钻出了地面。美丽的花朵开遍了整个森林：红的、白的、粉的、黄的，把整个森林打扮得异常美丽。经历了严寒的洗礼，小动物们伸伸懒腰，也纷纷走出家门，享受着美好的春光。

小鹿吃过了早饭，在大树旁的空地上又开始了一天的训练。你看它一会儿练习平地冲刺，一会儿练习跳跃奔跑，难度越来越大，任务越来越重，不一会儿就满头大汗。就这样日复一日的训练，小鹿的力量和速度都得到了很大的提高。

小鹿艰苦的训练，令很多小动物感到不解。一天，一只小白兔蹦蹦跳跳地跑过来，好奇地问小鹿："这么美好的景色，你为什么不玩一会儿呢？这样辛苦的训练不累吗？你看，森林里面既没有可恶的猎人，也没有凶恶的猛兽，这里简直就是我们的天堂。我听说前面的小溪边长满了蘑菇，我们一起去采蘑菇吧！"

小鹿摇摇头说："不行，我还得继续练习，否则，等到敌人来了的时候，我就跑不掉了。"

小白兔用不屑的口吻说："瞧，就你积极。等到敌人来了的时候，

143

再逃跑也来得及呀，放着这么美好的时光不去享受，你真是一个大傻瓜！"

面对小白兔的奚落，小鹿并没有生气，它仍然坚持练习。过了一会儿，一只小野猪慢慢腾腾地走过来，对它说："小鹿兄弟，温暖的阳光照在身上，让人懒洋洋的，如果睡上一觉该多美呀！你为什么不打个盹呢？这样跑来跑去的，不辛苦吗？你真是太傻了！"

小鹿回答道："不是我不想休息，你想想看，如果敌人突然降临，我们怎么躲避呢？现在加紧练习，遇到敌害的时候才不会惊慌失措呀！"

小鹿的大道理还没有说完，小野猪就摇摇脑袋一幅不胜厌烦的样子走开了，它找了一个舒服的地方，倒头就睡着了。

过了几天，森林里的幸福生活结束了，一只凶恶的老虎搬到了这里。小鹿凭借平时练就的本领，轻易躲过了老虎的追击，而可怜的小白兔和小野猪就没有这么好运了，它们都成了老虎的美餐。

哲理启示

在风和日丽，没有任何危险预兆的情况下，小鹿坚持不懈地练习跑步，懒惰的小白兔和小野猪对此却不屑一顾，结果在危险来到的时候，小鹿轻易躲过了，而小白兔和小野猪却不得不为他们的懒惰付出惨重的代价。

在学习上和生活中，我们都要学习小鹿未雨绸缪的精神。学习是一个循序渐进的过程，任何人都不能一步登天。我们要做一个有心人，在平时加紧学习，积累丰富的知识，这样到了考试的时候，就不会手忙脚乱了。如果平时麻痹大意，总是觉得时间还早，一直到了邻近考试的时候，才想起要学习，那又怎么能来得及呢？有的同学平时总是抱怨没有施展自己能力的舞台，而不注意进一步储备自己的能力，结果当机会来临的时候，才发现自己根本不能胜任，往往是追悔莫及。

　　在社会高速发展的今天，我们拥有很多学习的机会，只有能够抓住机会，努力充实自己，把学习渗入到生活的每一天，才能跟上时代的步伐，将来做一个引领潮流的弄潮儿，在激烈的竞争浪潮中永立不败之地。

爱诺和布诺

> 多观察、多学习、多抬头看一看、多想一想，在学好功课的基础上，多涉猎一些相关的课外知识，只有这样你才能成为一个知识丰富的人。

爱诺和布诺作为新员工同时被招聘进一家大型的超市工作，刚开始的时候，大家都一样，都从最简单的工作入手。但是过了不久，爱诺受到总经理的青睐，一再被提升，从一个领班升到了部门经理。而布诺好像是被人遗忘了一样，仍然在超市的最底层混。

终于有一天，布诺心里感到不平衡了，他向总经理提出了辞呈，并且申诉自己受到了怎样不公平的待遇。一直任劳任怨干活的人得不到提拔，而溜须拍马的人却受到了重用。听了布诺的抱怨，总经理若有所思：布诺这个小伙子人不错，老实肯干，但是总感觉缺少了什么，但是缺少了什么呢？三言两语说不清楚，说清楚了他也不服。忽然，总经理灵机一动，想到了一个主意。

"布诺先生，"总经理说道，"这样吧，辞职的事情先不提，你到集市上去，看看人们都在卖什么东西。"布诺依照总经理的吩咐，匆匆去了又回来说："现在市场上，只有一个农民拉了一车的土豆在卖。""哦，那一车土豆大约有多少袋，有多重？"总经理问。布诺不知道，只得再一次跑到集市上，过了一会儿，气喘吁吁的布诺回来说："我仔细数了一遍，有10袋，100千克左右。""那么价格是多少？"

总经理又问，布诺再一次跑到集市上。等他第三次从集市上回来的时候，已经上气不接下气了，总经理笑着说：“你先休息一会儿吧，来看看爱诺是怎样处理这样的事情的。”说完，总经理立即叫来了爱诺，对他说：“爱诺先生，你马上到集市上去，看看今天人们在卖什么东西。”

没过多久，爱诺也从集市上回来了，他从容地向总经理汇报道：“到现在为止，集市上只有一个农民在卖土豆，土豆大约有10袋，售价适中，质量上乘，喏，我还买了两个回来，请经理过目。”经理微笑着点点头，但是爱诺的汇报还没有结束：“那个农民还打算弄几筐西红柿来卖，西红柿的价格也很公道，我想经理可能对西红柿也会感兴趣，所以也拿了两个西红柿作为样品。而且，那个农民也被我带来了，如果经理有意，现在就可以和他订货。”

听完爱诺的汇报，总经理转头看了看满脸通红的布诺，问道：“现在你知道爱诺为什么被提拔了吧？”

哲理启示

一次可以办完的事情，布诺跑了三趟市场。说布诺有错实在是有点冤枉他，他完全是按照经理的交代去做的呀！只能说布诺不太聪明，只懂得唯命是从，不知道自己动一动脑子。在这一点上，显然爱诺做得更好。不怕不识货，就怕货比货，两人之间的差距一目了然，布诺应该回去好好考虑自己的工作方法了。

多想一想，多做一些，总比埋头苦干要好很多。在学习上也是这样，如果总是老师指到哪里，你就学到哪里，那么你可以成为一个不错的学生，却永远不会成为一个优秀的学生。在完成老师布置的任务的基础之上，多涉猎一些相关的知识，比如，同一道数学题是不是还有另外一种解法？学习到了某位作家的文章，去读一读他其他的文章；学习上涉及某一位历史人物，可以去多了解一下他所在的社会背景等等。

如果做完这些事，还有多余的时间，可以多向前预习一些课程，也可以去涉猎一些相关的课外知识。不要被老师牵着鼻子走，做学习的主人，这样你不知不觉就走到了别的同学的前面，取得优异成绩也是理所当然的。

不仅在学习上，生活中的事情也是这样，不要习惯于别人的指导，不要有依赖别人的习惯，多动一动脑子，不满足于100分，争取把事情做到101分，甚至更多，给别人一个意想不到的惊喜，你又怎么会不脱颖而出呢？

苍蝇和蜜蜂

生活中，对于那些看起来不可思议的事情，只要我们能换一种思路，换一个角度思考，跳出常规思维的束缚，就会找到问题的答案。

美国康奈尔大学的威克教授曾用苍蝇和蜜蜂做过一个著名的实验：

他首先找来一只瓶子，横放在桌子上，把瓶子的底部对着有光亮的一面，瓶口敞开，然后把几只蜜蜂塞进瓶子里。蜜蜂很快判断出了方向，它们义无反顾地朝着光亮的方向冲去，结果当然是被厚厚的瓶底无情地挡回来了。然而，倔强的蜜蜂并不甘心，三番五次冲击瓶底，似乎要把瓶底撞破，然而很明显它们不会成功，最终筋疲力尽的蜜蜂们接受了失败的现实，它们认定自己永远也飞不出去，纷纷倒在了瓶底。

接着，威克教授把蜜蜂倒出来，又放进去几只苍蝇，把瓶子依原来的样子摆好。不安分的苍蝇马上开始在瓶子内横冲直撞，飞行时或向上，或向下，或背光，或逆光。一旦碰壁马上改变方向，最后终于找到了瓶口，所有苍蝇都飞了出来。

蜜蜂和苍蝇之所以有截然不同的命运，原因其实很简单：蜜蜂的经验告诉它们，瓶子的出口一定在有光亮的地方，按照这个逻辑，它们不断地向瓶底发出冲击。在它们看来瓶底是不可逾越的神秘之物，是自己从未见识过的坚硬"大气层"。蜜蜂的智商越高，就越无法理

149

解这种奇怪的现象，最终只能以失败告终。而愚蠢的苍蝇，头脑中完全没有逻辑的概念，它们完全不理会光亮的诱惑，四处乱飞，结果反而幸运地找到了出口。

通过这个实验，威克教授得出这样的结论：遇到无法理解的事情，与其坐以待毙，不如没有道理地横冲直撞。

哲理启示

蜜蜂以往的经验告诉它们：出口总在有光亮的地方。于是它们一次次向着"瓶底"发出冲击，即使是失败了许多次，也不能从中吸取教训，蜜蜂死在"一根筋"上。而苍蝇则不同，它们虽然不像蜜蜂那样聪明，不懂得总结经验，但是它们一旦碰壁，就知道换一个方向飞行，苍蝇能够获救，是因为它们灵活多变。

生活中很多事情如果换一个角度想一想，也许就会豁然开朗。一次，爱迪生让他的一个硕士学历的助手计算一下电灯泡的体积。助手一看电灯泡是梨形的，形状不太规则，要计算体积实在是不太容易。于是，它就拿起了尺子，对着电灯泡量了半天，又在草纸上列出了许多复杂的数学公式，算了半天，把自己累得满头大汗，但是灯泡的体积仍然没有算出来。爱迪生见了，忍不住笑出声来，说道："换个方法试试吧！"他走过来，往灯泡里灌满水，然后把水倒进量筒里，马上就得出了灯泡的体积。助手见了，惭愧地红了脸。

我们的学习也是一样，遇到困难的题目，如果常规方法无法得出结果，或者是能够得出结果但过程异常复杂的时候，何不换一种思路去想一想呢？从反面、从侧面，多从几个角度去看问题，也许就会迎刃而解。

永远的坐票

机会永远偏爱那些富有远见、勇于尝试的人，如果你坚信前途是美好的，并愿意为此而付出努力，那么你就会获得一个人生旅途上的舒适座席！

有一个人经常出差，你知道火车经常是人满为患，大多数时候，他也买不到坐票。但是无论是长途还是短途，这个人总能找到座位。

不要怀疑他有什么特殊的权力，或者有什么人的帮助，他是完全依靠自己的能力找到的，看到这里，你可能会感到不可思议，在几乎没有立足之地的火车车厢里，这几乎是不可能办到的呀！但是这个人却有他独特的方法。

你一定觉得他的方法十分高深，说出来不免让你感到失望，其实他的方法很简单，就是耐心地一个一个车厢去找。你不要笑，这个方法看起来确实有点笨，不过真的有用。这位朋友每次上车之前就做好从第一节车厢找到最后一节车厢的准备，但是，事实上，他每次不用走到最后，就可以找到一个满意的座位。因为像他这样锲而不舍的乘客实在是少之又少，这给了他很大的空间。经常会出现这样的情况：在他所落座的车厢里还有很多空位，而其他车厢里和车厢之间的接头处却人满为患。

其实，大多数的乘客都被一两节车厢拥挤的情景所迷惑了，不相信在其他车厢还会有什么机会。然而，只要你仔细想一想，火车有几

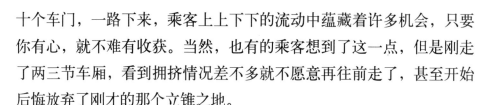
十个车门，一路下来，乘客上上下下的流动中蕴藏着许多机会，只要你有心，就不难有收获。当然，也有的乘客想到了这一点，但是刚走了两三节车厢，看到拥挤情况差不多就不愿意再往前走了，甚至开始后悔放弃了刚才的那个立锥之地。

大部分的乘客从上车开始，就没有想过要去找座位，眼前的一方立足之地已经让他们非常满足了。他们觉得背着笨重的行李在人群中挤来挤去，只为了一两个座位，实在是不值得，也担心如果一旦找不到座位，甚至连站的位置都没有了，于是他们无视大量机会的出现，安然守卫着自己既得的一点可怜的利益。

哲理启示

生活中有很多不思进取、害怕失败的人，他们不敢相信自己会像那些成功者一样，经历一番努力之后，最终得到胜利女神的眷顾。就像那些不愿意主动去找座位的乘客一样，他们往往在上车时从最初的落脚之处一直站到下车。

不要对自己没有信心，不要怀疑自己也可以创造奇迹，不要觉得自己是差生，或者自己性格内向就不应得到别人的注意。每个人都有自己的梦想，所有梦想都有实现的可能，为什么不试着去争取呢？要知道机会是永远都等不来的。就像在火车车厢里，虽然前面非常拥挤，背着行李在人缝中穿行非常辛苦，但是这个辛苦可以为我们换来一个舒服的座位！想一想自己坐在座位上，惬意地欣赏窗外的景致是多么美好啊！如果不进行尝试，不付出努力，怎么会有这样的享受呢？

很多同学都有远大的理想，有的想做一个科学家，有的想做一个艺术家，有的想做一个像姚明一样为国争光的运动员。这些都是很好的想法，但是为了实现这个梦想，我们从现在就要开始准备，每一天都要迈出坚实的一步。如果你不想为自己的理想付出努力，整天沉迷于电子游戏，怎么可能实现自己的理想呢？

一个实验

很多时候，失败并不是因为自己力量薄弱、智能低下，而是在面临险境的时候，先被困难震慑了，失去了平静的心态，乱了手脚，不敢去尝试了。

有一位心理学家，想知道人的心态对于他们的行为到底会产生什么样的影响，就做了一个实验。

他找来了10个实验对象，先让他们穿过一间漆黑的房间，在他的引导下，这10个人都成功地完成了任务。

然后，心理学家打开了房间里的一盏电灯，在朦胧的灯光下，这些人看清了房间里的一切，顿时惊出一身冷汗，原来这个房间实际上是一个大水池，水池里养着十几条大鳄鱼，水池的上方有一条木桥，刚才他们就是从木桥上通过的。

这时心理学家又问："现在，你们谁愿意在此穿过这条木桥。"四周鸦雀无声，没有人回应，过了好一会儿，才有3个胆子大的站了起来。这3个人走到木桥边，其中一个人小心翼翼地走过去了，速度比第一次慢了很多；第二个人走到中间，腿就软了，只能趴在桥面上，爬了过去；第三个人刚走到桥头就不行了，趴在地上，一步也不敢向前走。

心理学家又打开了其他9盏灯，房间里亮如白昼，人们发现在小木桥的下面有一张安全网，由于网的颜色极浅，所以刚才灯光昏暗的

时候，他们没有发现。

"现在，谁愿意通过这座小桥？"心理学家又问道。这次除了已经过桥的两个人，又有5个人站了起来。他们都顺利地通过了木桥。

心理学家问剩下的两个人："你们为什么不愿意过桥呢？"

"你能保证这张安全网牢固吗？"剩下的两个人异口同声地反问。

哲理启示

在没有开灯的时候，10个人都顺利地通过了鳄鱼池。但是当他们看到真相以后，却没有勇气去做自己完全可以做到的事情。心态对一个人的行动会产生非常重要的影响。在困难面前我们完全不必过分害怕，放轻松一些，也许你的表现会让自己大吃一惊。

曾经有一个数学成绩非常突出的学生，一天，他的指导老师像往常一样给他留了三道课后作业。通常，老师留的作业并不是十分复杂，他总是能轻松地完成。前两道题目不费吹灰之力就解决了，第三个题目写在一张小纸条上：用一只圆规和一把没有刻度的尺子画出一个正十七边形。这道题让他感到非常吃力，以前所学到的知识完全用不上，困难反而激起了他的斗志。他长舒一口气，绞尽脑汁，用尽各种超常规的方法，终于在黎明前完成了这道题目。第二天，当老师拿到他的作业的时候，当场惊呆了。原来第三道题是一个有2000多年历史的数学悬案，许多伟大的数学家都没能解答出来，而一个没出茅庐的年轻人只用了一夜的工夫就得出了正确的答案！事后，这个年轻人感慨地说："如果我知道这是一道数学悬案，我一定没有信心把它解开。"这个年轻人，就是数学王子高斯。

从数学王子的身上，你是否受到了启示，当再次面对不可战胜的难题时，你会不会还没有尝试就选择放弃了呢？放轻松一点，不要盯着困难不放，也许你也可以给自己一个惊喜！

店小二的"一"字

做任何事情都没有捷径，只有经过千锤百炼，反复的练习才能成功。

　　明朝万历年间，北方的女真族屡犯中原。为了抵御女真族的侵犯，使民众安居乐业，万历皇帝决定整修、加固万里长城。当时的天下第一关——山海关，已是年久失修，其中城头题字"天下第一关"中的"一"字更是剥落已久。于是，万历皇帝昭告天下，希望有人能够给补上这个"一"字，以恢复天下第一关的雄姿。

　　各地书法名家得知这个消息，纷纷前来报名试写这个"一"字，虽然这些书法家的"一"字写得都很漂亮，但是却无法和"天下第一关"中的其他字相匹配。无奈，万历皇帝只好重金悬赏：谁要能写出原汁原味的"一"字来，就将得到重重的赏赐。应征的作品如雪片一样飞来，官府组织专家，严加筛选，最后中选的却是山海关旁一家客栈的店小二，这真是让人大跌眼镜。

　　正式题字当天，现场被观众围得水泄不通，官府早已准备好笔墨纸砚，静候店小二过来挥毫。只见店小二手拿抹布来到桌前，抬头看了看山海关的门楼，舍弃狼毫大笔不用，把抹布往砚台里一蘸，然后随意在纸上一抹，动作洒脱，胜似闲庭信步，一个绝妙的"一"字早已浮现在纸面上。观众们完全被店小二神奇的表演所折服，雷鸣般的掌声霎时爆发出来。店小二一抹成名！

事后有人好奇地问他是如何做到这一切的,店小二想了半天,只是摇了摇头。经再三追问,他才勉强回答道:"其实真的没有什么秘诀可言,我在这家客栈当了30年的店小二,抹了30年的桌子。我有一个习惯,每当我抹桌子的时候,就会看一眼山海关牌楼上的'一'字,一抹一擦间,不自觉地模仿起那个'一'字的笔法,久而久之自然就熟悉了。"

原来,店小二借助工作之便,数十年如一日地临摹"一"字。无数次地练习,当然是熟能生巧,乃至于精通,把"一"字临摹地如此出神入化,炉火纯青,也就不足为奇了。

哲理启示

一个简单的"一"字,难倒了无数著名的书法家,然而一个毫不起眼的店小二,却赢得了大家的一致赞叹。店小二成功的秘诀归纳成四个字便是"熟能生巧"。这个有趣的小故事,告诉我们一个放之四海而皆准的真理:反复练习才能精通,以臻完美。

小时候学说话,总是不断地跟着妈妈重复一句又一句,慢慢地才变得口齿伶俐;刚上学的时候学写字,也是重复了不知道多少遍,才写出了像模像样的方块字;每当调皮不听话的时候,老师常常会罚我们抄课文,十遍甚至是几十遍,觉得老师太无情了;每次布置作业,常常也是抄课文,总觉得老师太没有创意了。其实正是这样不断地重复,我们现在才能熟练地写字,写文章呢!

刘翔之所以能够取得这么优异的成绩,成为奥运会的冠军,除了自身的身体条件优越以外,最重要的原因是他每天都严格按照教练设定好的锻炼方法,不断地重复下去。也就是说,刘翔的成功秘诀就是不断地重复训练。

一位相声演员,在获得巨大的成功以后,有人问他:"你是怎样

把相声表演得如此绘声绘色的呢？"相声演员平静地说："当然是台下不断地练习，少则 500 遍，多则 1000 遍！"

其实，没有什么天才，所谓的天才也只不过就是不断地去重复做一件事情，把这件事情做到无比熟练的程度，没有任何人能比的了，并能有所创新，那么他就是"天才"。如果你想成为"天才"，那就不断去练习吧！

把后悔踩在脚下

不要为失去的月亮而哭泣，否则你又将失去闪烁的群星了。

　　班级里有一位同学，常常为自己犯过的错误而懊悔不已，老是说："如果当初我能够这样做就好了……"每次失败以后，他都走不出这个阴影，沉溺在后悔中不能自拔。结果，常常因此把后来的事情给耽误了，于是又陷入新一轮的后悔中去。

　　同学们都为他这种糟糕的状态而着急万分，但是却也没有什么好的办法去帮助他。老师也觉察到了他的情况，于是就决定想办法让他尽快从这种状态中摆脱出来……

　　一天，在上科学实验课的时候，老师把一瓶牛奶带进教室，随手放在讲台上，然后开始自顾自地讲课。同学们看着满满的一瓶牛奶，不知道老师的葫芦里卖的是什么药。

　　老师讲到了兴奋的地方，忽然"一不小心"把牛奶瓶打碎在了水槽里。"啊！"教室里顿时爆发出一阵惊呼，接着同学们纷纷叹息："真是太可惜了，那一瓶牛奶还没有开封呢！"

　　老师似乎十分懊恼，他一迭声地埋怨道："都怪我，都是我不好，我刚才不该那么激动。"说着，老师在讲台上来回踱着步，似乎已经失去了继续上课的心情了。

　　看着同学们呆若木鸡的样子，老师问道："我该怎么办呢？我打碎了牛奶。"教室里鸦雀无声。

"不要为打碎的牛奶而叹息!"老师忽然严肃地说,"我希望大家能记住这一课,现在牛奶已经打翻了,任凭我们怎样努力去补救,也不可能挽回哪怕一滴了。当然如果事先我们能够预防的话,比如我把牛奶放在讲台以外的地方,或许能够避免这件事情。但是现在抱怨已经没有任何意义,我们所要做的就是忘掉这件事情,把目光盯在接下来的事情上。我不能因此而放弃了这堂课,你们也不能因为一些小失败,而耽误到以后的机会。这就是我想要说的,希望大家能够理解。"

这堂生动的课给大家留下了深刻的印象,从此以后大家引以为戒,而那位同学也从此振作了起来。

哲理启示

当事情进展得不顺利,或者遭遇失败的时候,有人常常会埋怨自己:要是我以前这样做就好了,要是我当初那样做就好了。但是生活不是玩电子游戏,玩得不好可以重新再来,生活像一条河流,是不可逆转的,流过了这里,就永远不会重新再来。所以,后悔是没用的,它就像那瓶被打碎的牛奶一样,无论你怎样后悔,都不可能使它恢复原样。后悔是最没意义的事,它只会挫伤我们的斗志,让我们沉迷在往日的错误里黯然神伤,结果耽误了前行的脚步。

既然后悔是没有意义的,那我们就应该想办法来避免它的发生。我们不妨来分析一下,什么情况下我们会感觉到后悔。第一种情况是:当我们非常接近成功的时候,却出现了一个致命的错误,从而遗憾地和成功说再见。比如,一次数学考试,几乎所有的题目都回答得很完美,但是最后一道题,你居然点错了小数点。和满分擦肩而过,你一定会非常懊悔。避免这种情况的发生,就需要你认真再认真;另一种后悔是:事先没有做好充分的准备,事情发生时手忙脚乱,导致失败。比如,你以为自己复习得很全面,但是考试的时候才发现自己漏掉了一小部

分，结果使最后的成绩不理想。要避免这种情况，你就要摒弃盲目乐观的思想，认真周密地做好事前的准备。

如果你百密一疏，事情还是出现了小的差错，不要后悔，积极吸取教训，争取以后不再犯同样的错误，这样你才能获得更大的进步。

再坚持一下

　　胜利就在不远处，当你感到松懈的时候，当你想要放弃的时候，告诉自己坚持一下，再坚持一下，坚持到底就是胜利！

　　从前，有两个樵夫在山上砍柴的时候，偶然遇到了酒神，就请求酒神传授他们酿造美酒的方法。于是酒神就告诉他们：选用端阳节那天成熟的、颗粒饱满的大米，用冰雪初融时高山飞瀑的水珠调和，然后倒进千年紫砂土烧制而成的酒坛内，用初夏第一张新荷叶把酒坛封紧。经过七七四十九天，在凌晨鸡叫三遍之后，打开酒坛，醇香的绝世美酒就酿成了。

　　两个樵夫牢记酒神所传授的方法，历尽千辛万苦，终于备齐了所有必需的材料。他们小心翼翼地用水调和好大米，接着把大米连同自己的梦想和期望一起密封起来，然后潜心等待大功告成时那激动人心的一刻。

　　时间像蜗牛一样一点一点向前爬，两个樵夫在等待的煎熬中小心地守候着。当第四十九天的脚步缓缓走近时，想到即将出现在眼前的绝世美酒，两个樵夫谁也不能安然入睡，他们怀着复杂而焦急的心情，彻夜等待着那最后三遍鸡叫。终于，远远的地方传来第一遍鸡叫，悠远而又高亢，两个樵夫的心跳开始加速。过了很久很久，第二遍鸡叫又响起了，声音低沉而缓慢，随着时间的推移，胜利的号角就要吹响，两个樵夫感觉到自己已经有点按捺不住自己的激动心情了。但是，等

啊等啊，第三遍鸡叫迟迟没有来，其中一个樵夫开始不安起来，第三遍鸡叫是不是根本就不会出现了呢？还是它已经叫过了，只不过我没有听见罢了？这个樵夫不打算再等待下去了，他迫不及待地打开了酒坛。

"呸"！一股恶臭扑面而来，酒坛里根本不是什么美酒，而是一些浑浊、发黄的臭水，这个樵夫大失所望，他开始后悔自己操之过急，然而这一切都无法挽回了，过去所有的努力和煎熬都成了无用功。他只能满腔悔恨地把酒坛扔进了垃圾堆。

而另外一个樵夫，虽然心中的欲望也像野火一样熊熊燃烧，但是他最终按捺住了自己的冲动，一次次把伸向酒坛的手生生拉回来。终于等到了嘹亮的第三遍鸡叫响彻云霄，东方一轮红日缓缓升起。这个樵夫一把打开酒坛，啊！多么清澈甘甜的玉液琼浆啊！过去所有的付出，终于有了一个最完美的结局，他尝到了只有神仙才能品尝到的美酒。

哲理启示

成功者之所以取得成功，也许仅仅是他们多坚持了一会儿。这一会儿也许是一年，也许是一天，也许仅仅是一遍鸡叫。

我们都知道，电话是贝尔发明的，但是发明电话前期的工作，绝大多数是爱迪生和其他科学家所完成的，贝尔仅仅是把电话中的一个螺母多转动了 1/4 圈。为此，爱迪生等人把贝尔告上了法庭，说贝尔窃取了他们的研究成果。但是，最终法官却把电话的发明专利判给了贝尔。法官的理由是：虽然爱迪生等科学家为发明电话做了大量的工作，但是最终他们却认为电话没有实用价值，而放弃了它。但是贝尔没有放弃，他将一个螺母转动了 1/4 圈，从而改变了电流强度，使电话具有了实际用途。是贝尔坚持攻克了最后一道难关，所以发明权应记在贝尔的名下。爱迪生等科学家感到十分委屈，这也可以理解，因

为他们距离成功只差 1/4 圈！

　　在生活中，你是不是在事情还没做完的时候，就选择了放弃呢？比如，作业还没有做完就跑去看动画片，第二天把没做完的作业交给老师，受到了老师严厉的批评；考试前复习的时候，最后几道题没有坚持复习完，结果在考试的时候有一道很重要的题目没有答上来；考试的时候，因为时间紧迫，最后一道题放弃了，结果事后一看，那道题是自己以前做过的……我们为什么不能再坚持一下呢？再坚持一下，这些事情本来可以避免的呀！

　　想想看，学习、运动、练习钢琴……哪一件事情不需要我们去坚持呢？记住：坚持到底就是胜利！

鱼骨刻的老鼠

技巧高超常常不是获胜的最大保障，成功不在于模仿得多么逼真，在于你能够顺应自然的规律。

从前，在一个遥远的国度里住着两位巧夺天工的木匠，他们的手艺都是那么的出神入化，难以分出高下来。一天，国王突发奇想：这两个人，到底谁的技术更好一些呢？不如给他们安排一次比赛，然后封胜利者为"全国第一木匠"。

于是，国王找来了这两位能工巧匠，对他们说："现在，我为你们俩人举办一次比赛，三天之内，你们每人雕刻出一只老鼠来，谁雕刻得最逼真，谁就是胜利者。不仅可以得到'天下第一木匠'的册封，还可得到许多奖品。"

两个木匠领命告辞国王，在接下来的三天里，俩人都不眠不休，用尽浑身解数去雕刻老鼠。到了第三天，他们都把自己的作品呈献给了国王。为保证比赛的公平，国王召集许多大臣和专家一起做评委。

第一位木匠雕刻的老鼠，当真是惟妙惟肖，栩栩如生。评委看了，纷纷啧啧称赞："果然是大家手笔，简直像真的一样！"

第二位木匠雕刻的老鼠却简陋不堪，远远看上去勉强是一只老鼠，近了一看却只有轮廓，仅有三分像。评委们纷纷摇头，觉得与第一位木匠雕刻的老鼠相比，简直是天壤之别。

结果不言而喻，国王当场就要宣布第一位木匠获胜。这时候，第

二位木匠出来抗议，他说道："大王的评判不公平，其实这方面的权威是猫，我想猫的眼睛应该比人的更锐利吧！"

国王听了，觉得他说的也有几分道理，于是就叫卫士抱来几只猫，让猫来评判一下哪只老鼠比较逼真。

没想到，卫士们把猫一放下来，这些捕鼠能手们不约而同地扑向那只粗制滥造的"老鼠"，疯狂地啃咬、抢夺，而那只栩栩如生的老鼠却完全被冷落了，根本没有猫去碰它。

国王和评委们完全被眼前的景象所惊呆了，第二位木匠的手艺果然是不同凡响！在铁的事实面前，国王只好把"全国第一"的桂冠给了第二位木匠。

事后，国王越想越觉得不可思议，他把第二位木匠找来，问道："你到底是用什么方法收买了猫的？那只老鼠明明不像嘛。"

木匠笑着说："道理其实很简单，我不过是用鱼骨刻了一只老鼠罢了！其实，对于猫来说，像与不像并不重要，重要的是有没有腥味！"

哲理启示

由猫来做评委，第一个木匠注定是要落选的，因为无论他的技术多么高超，无论他把老鼠雕刻得多么逼真，也无法让猫看上一块木头。就算是上好的檀香木所散发出来的幽香也不如鱼骨的腥臭更有诱惑力，这就是猫的本性，是不可变更的自然规律。第二位木匠按照自然规律办事，当然会受到猫评委的青睐啦！

按自然规律办事，更容易取得成功。遵循学习的规律，我们也能取得事半功倍的效果。比如，记忆有记忆的规律，大多数人不可能一劳永逸地记住东西，只有反复多次地重复记忆，才能记得牢靠；成绩好的同学总结出了一套行之有效的学习规律：上课之前认真地进行预习，找出

其中的重点和难点，然后在课堂上有针对性地听讲。课堂上，不能开小差，认真做好笔记，尽量不要留有疑点，不能寄希望于课后的补习，因为那样的话，你将付出几倍的时间和精力才能获得同样的效果；课后除了要认真完成作业，巩固好所学的知识，还要进行新课程的预习。这样形成了一个良性循环，学习自然就会有事半功倍的效果。

　　总之，按照规律、靠逻辑来做事，往往会取得更好的效果。

北风和太阳

要打开别人的心扉，温和的方式要比严厉粗暴的方式更有效果！

北风和太阳都认为自己才是最强大的，它们谁也说服不了谁，于是就决定进行一场比赛：谁能让路上的行人脱掉衣服，谁是强大的。

蛮横的北风不跟太阳打招呼，就率先行动起来。"让行人脱掉衣服还不简单，看我的，他们不脱我也要给他们扒掉。"只见凶恶的北风鼓起腮帮，用力吹出强大的气流。刹那间，飞沙走石、天昏地暗，刮掉了几个行人的单薄衣服。北风见了，得意地哈哈大笑，说道："怎么样？瞧见我的厉害了吧。"正说着，行人们纷纷拿出衣服，紧紧地裹在身上。北风见了，勃然大怒，它又增加了力度。整个世界瞬间变成了地狱，墙倒屋塌，大树被连根拔起，再看那些行人，有的被吹到空中，有的躲到了山坳里，但是他们都死死地抓住衣服不放，任凭北风怎样刮，也无可奈何。恼羞成怒的北风，气得"呼呼"直叫："这些人太固执了，谁也拿他们没有办法，我们还是换其他的项目比赛吧。"

太阳微笑着说："其实事情很简单，看我的。"说着，太阳露出了灿烂的笑脸，温暖的阳光普照大地，人间又变得美好如初。行人们感受到太阳的温暖，纷纷脱掉沉重的外服。随着温度的升高，很多人

热得受不了了，脱光了衣服，跳到路边的河水里愉快地游泳去了。

看到这种情况，北风不得不认输，但是它怎么也不明白，太阳明明没有使出什么惊人的手段呀，人们怎么就乖乖地脱掉衣服了呢？

哲理启示

为了脱掉人们身上的衣服，北风和太阳使出了完全不同的手段和方法。北风妄图用严厉的方式来强行刮掉人们身上的衣服，结果恰恰相反，人们身上的衣服不仅没有被刮掉，反而裹得更紧了；太阳选择了截然不同的方式，它用温暖促使人们脱去了身上的衣服。

其实，现代人的防范意识增强了，每个人身上都包裹着重重的"铠甲"，用什么方法使人们卸掉这些"铠甲"，打开心扉呢？有的人用粗暴生硬的方式，有的人用温和的方式，哪种方式更加有效呢？我想这则寓言故事已经给了我们明确的答案。举个例子来说，当我们劝别人去做一件有益的事情时，如果我们采取生硬的态度，恐怕会使对方把自己的内心愈加封闭起来，说服者态度越暴躁，就越会引起恶性循环，最终也不会达到预期的目标，甚至会出现事与愿违的现象；相反，我们可以用善意、温和的好言劝说对方，就会使他对你产生信任感，乐意卸掉自己身上重重的"铠甲"向你袒露真心，自愿听从你的观点，改变自己原有的错误想法。

所以，让我们的身边多一些温暖的阳光，少一些猛烈的北风吧！

寻找心愿石

当机会降临的时候，很多人会习惯性地让它从手中溜掉。等到失去它的时候，已经追悔莫及，即使痛哭流涕，也没有办法挽回了。

从前有一个年轻人，家境非常穷苦，从小就过着吃了上顿没有下顿的生活。长大以后，他决心摆脱这种贫困的状况，于是尝试了很多致富的方法，但都没能让他发财。后来，他想发财都快要想疯了，只要听说哪有发财的路子，他就不顾一切地去寻求。

一次，这个年轻人偶然听别人说起：附近的深山中住着一位白发老人，有很高的道行，谁要是有缘和他相见，那就有求必应。年轻人听了，非常高兴，他立即收拾了行囊，到深山里去寻找那位白发老人。

年轻人在山上搭了一个简易的小屋，每天天刚蒙蒙亮，他就出发，穿梭于崇山峻岭之间，一直到月亮爬到半空，才回去睡觉，尽一切的努力去寻找白发老人。带来的干粮吃完了，他就采野果充饥，转眼大半年过去了，年轻人几乎变成了一个野人。

一天，年轻人终于在山泉边见到了传说中的白发老人，他激动坏了，一边向老人叩头，一边把自己的遭遇讲给老人听，希望老人能够赐给他一些珍宝，让他变成一个大富翁。老人见年轻人可怜，就对他说："要想富裕，还需要你自己努力。我告诉你一条财路，你每天早晨在太阳升起之前，到村外的沙滩上去寻找一颗'心愿石'。记住，

这颗心愿石与一般的石头不同，他表面是温暖的，而且微微发出光芒。这颗心愿石可以帮助你实现任何一个愿望。"

听了老人的话，年轻人立即赶回村子。从此以后，年轻人每天早晨早早地起床，来到沙滩上捡石头，捡到一颗石头，年轻人都要把它放在手里试一试，看看有没有亮光，感觉一下是不是温暖的。既不温暖又没有亮光的石头，年轻人就随手把它扔到海水里。日子一天天过去了，年轻人都不知道自己在沙滩上找了多久，总之到现在为止他还没有见到那颗"心愿石"。年轻人渐渐懈怠了，他不再像开始的时候那么认真了。

一天，年轻人像往常一样来到沙滩上，重复同样的动作：捡石头，摸一下，丢到海里。一颗、两颗、三颗……忽然一道亮光从他的手里飞向大海，而他的手里还留有余温。年轻人愣了一下，随后趴在沙滩上号啕大哭起来。

哲理故事

这个年轻人真是可怜又可恨，经历那么多磨难，吃了那么多苦，终于找到"心愿石"了，结果却让他习惯性地随手扔进了大海里。前面付出的所有努力都化作了泡影。不过更为可悲的是年轻人长久以来形成的心态，他经历那么多次失败，已经习惯了放弃，结果当机会真的到来的时候，仍然被他毫不珍惜地放弃了。

我们每个同学都渴望进步，渴望得到老师的赞扬，但是偶尔一次表现好是得不到老师肯定的，我们只有每一天都按照好的标准来要求自己，长期坚持下去，老师在不在一个样，这样才能得到想要的结果。

所以，我们要认清自己身上的缺点和不足，尽快把身上的坏习惯转变成好习惯，这样当机会来临的时候，我们才能牢牢地抓住。

第六章
用慧眼观察世界

聪明人和傻子

生命中无时无刻不面临着选择，真正聪明的人，能够分清什么是最重要的，从而做出正确的选择。

聪明人和傻子一起到沙漠里淘金，回来的时候两人都背着沉甸甸的金袋和一皮囊水。在沙漠里，水可是非常珍贵的东西，为了能够安然无恙地走出沙漠，他们每次只喝一小口水。

头顶的太阳和脚下的沙漠都热得让人窒息，两个人都汗流浃背，口干舌燥。看到傻子干渴难耐的样子，聪明人打起了小算盘，说道："我愿意把宝贵的水卖给你，一两金子一口怎么样？"

傻子没有丝毫的犹豫，连连点头道："好的，好的，你真是一个大好人！"

过了一会儿，傻子又渴了，他小心翼翼地问聪明人："我想再买你一口水喝，行吗？"

聪明人眼珠一转，笑着说："没问题，不过这次我要涨价了，一口水 10 两金子。"

傻子爽快地答应了。

就这样，聪明人和傻子又进行了几次这样不公平的交易，聪明人只不过少喝了一点水，却换来了傻子所有的金子。聪明人背上的包袱增重了不少，但是心里却美滋滋的：用水来换金子，这可比辛辛苦苦地淘金要轻松多了，如果能多遇到几个这样的傻子，我早就发财了！

傻子好像并没有意识到自己的错误，他乐得一身轻松，居然也高兴地哼起了小调。聪明人看到傻子的样子，摇摇头，暗暗说道："傻子就是傻子。"

走着走着，聪明人皮囊内的水已经用完了，快要走到沙漠边缘的时候，实在是忍受不住干渴的折磨，一下子扑倒在地上。傻子赶紧过来扶起他，给他喝了一小口水，他才悠悠醒来。

聪明人看着傻子，有气无力地说："我愿意用一两金子来买你一口水。"

傻子无奈地摇了摇头。

聪明人皱着眉头，狠下心来说："好吧，我用10两金子来买你一口水！"

傻子还是摇了摇头。

聪明人急了，他极其痛苦地哀求道："好吧，我用我所有的金子来换你的一口水怎么样？你总不能见死不救吧！"

傻子摇了摇手里的皮囊，说道："我的水早就喝光了，不过你再坚持一下，用不了多久，我们就能走出沙漠了，到时候要多少水就有多少水。"

聪明人绝望了，他知道自己已经到了生命的极限，没有体力走出沙漠了，看着身边闪闪发光的金子，他痛苦地闭上了眼睛。

哲理启示

干旱的沙漠之中，水就意味着生命，无论是聪明人和傻子都明白这一点。然而，面对金子的诱惑，聪明人做出了自以为聪明的选择，他用水换来了金子，也就是用自己的生命换来了金钱。而傻子则恰恰相反，他明白与金钱相比生命才是最宝贵的，在生命和金钱面前，他做出了正确的选择。谁才是真正的聪明人，谁才是傻子，我想现在大

家可能有了新的认识。

　　对于家庭作业你可以选择尽自己最大的努力去认真地完成，也可以敷衍了事的交给老师，很明显前者是正确的选择，但是后者则来得更轻松一些，这个时候，你总能做出正确的选择吗？

　　伟人之所以成为伟人，就是因为他们总能够在关键的时刻，排除各种诱惑，做出正确选择。对于我们来说，则从身边的小事开始，学着做出正确的选择，学着做一个真正聪明的人！

国王和老鹰

　　一个人在情绪激动，尤其是在愤怒的时候，常常会做出一些错误的决定。因此，要牢记，在盛怒之下不要做任何决定，否则就会遗恨终生。

　　国王有一只威武剽悍的老鹰，这只老鹰是专门训练出来的猎鹰，只要国王吹一个口哨，它就会冲上云霄，居高临下，四处搜寻猎物。一旦发现鹿或者兔子，就会快速地扑过去，一举将其擒获。几次出猎，老鹰都让国王收获颇丰，因此深受国王的喜爱。

　　一次，国王兴致所至，又带上了大批人马到森林去打猎。但是这天国王的运气并不好，过了半天，一无所获，而且还和大队人马走散了，独自一人迷失在森林里。中午的太阳毫不留情地烤晒着国王，汗水不断地冒出来，国王感到口干舌燥，多想喝一口清凉的泉水啊！但是无所不能的太阳早已把小溪烤干，老鹰也无奈地在天上盘旋，努力为国王找水源。

　　终于，国王在一处岩石的缝隙处发现了水，虽然水流很小，只是一滴一滴地往下掉，但是对于口干舌燥的国王来说，这已经很不错了。他赶紧从袋子里取出一只小银杯，用它去接那一滴滴掉下来的、救命的水！好不容易接满了水，国王急不可耐地把嘴凑近杯边，想一饮而尽。忽然，一道黑色的闪电划过，手里的银杯被打落在地上。国王定睛一看，原来是那只老鹰做的好事。

175

国王强忍着心中的怒火，赶紧捡起银杯，又去接水。这次他没有耐性等到银杯接满了，刚接到一半的时候，就把杯子举到了嘴边。但是，就在他要喝到水的一刹那，老鹰又一次扑过来打掉了银杯。这次国王真的生气了，冲着老鹰大声吼道："你敢再扑，我就把你的脑袋砍掉！"

国王第三次拿着杯子来接水，刚接了一小口，焦渴难耐的他就忍不住了。当他准备喝水的时候，看到老鹰又冲了过来，愤怒的国王拔出剑，刺中了老鹰，老鹰倒在了血泊中，而国王手中的银杯也掉进了崖缝里。

没有容器，国王只好沿着水流的方向，去找源头。终于他来到了一处积水潭前，但是眼前的景象让他大惊失色，原来积水潭里卧着一条巨大的毒蛇！忽然他明白了老鹰的反常举动，顿时痛哭失声："老鹰看到水潭里的毒蛇，它救了我的命，而我却杀了它！"

后来，国王厚葬了这只忠实的老鹰，并为自己立下了一条座右铭：永远不要在盛怒之下做事！

哲理启示

这是一个悲伤的故事，主人公是国王，罪魁却是国王火爆的脾气。你可能觉得国王已经给老鹰两次机会了呀，但是考虑到老鹰不能说话，国王完全可以仔细想一想老鹰为什么会做出这样反常的举动。也许是难耐的干渴让国王的脾气过于暴躁，但是错误已经铸就，接下来所能做的，只有吸取教训。国王为自己立下了一条座右铭：永远不要在盛怒之下做事！这也应该成为我们的一条处事警语。

盛怒的时候，常常会让人做出不理智的举动，犯判断上的错误，理解问题和解决问题时就会感情用事；盛怒的时候情感非常强烈，语气急促、表情夸张，常常会说出一些不应该说的话，从而伤害到别人，

使自己失去友谊，事后自己也会常常为此而感到懊悔；盛怒的时候，就会听不进去别人的意见，事情还没有完全弄清楚就武断地下了结论，手忙脚乱做事情却往往把事情搞砸了等等。

　　人在盛怒之下做事情，会有什么样的后果，想必你也见过这样的情况，甚至也有这样的经历，大概不会让人感到愉快吧。所以，当无法让自己冷静下来的时候，我们可以退出现场，不做任何决定，给自己一些时间考虑问题，这样就会避免错误的发生。

四重奏

要想彻底地解决问题，就要找到根本原因，如果找不到真正的原因所在，就会把事情越弄越糟！

一次，森林里要举行一次音乐会，调皮的小猴子决定表演一个节目，就伙同好朋友山羊、驴子和黑熊一起演奏一个四重奏。它们费尽九牛二虎之力终于找来了乐谱、中提琴、小提琴和两只大提琴。万事俱备，它们就坐在一颗菩提树下的草地上排练起来，想在音乐会上给大家一个惊喜。然而，当它们咿咿呀呀地演奏起来时，却弄出了一堆刺耳的噪音，难听极了！

"快停止吧，伙计们！我看，这样演奏下去效果永远都不会好，可能是我们的座位排得不对。"小猴子抓耳挠腮地想了一会儿继续说道："小熊，你演奏的是大提琴，应该坐在中提琴的对面，我演奏的是小提琴，应该坐在山羊的对面。咱们调换一下位子再来演奏，一定能演奏出美妙的音乐，就连草木都会高兴地跳起舞来！"

三个好伙伴听从小猴子的安排，调整好了位置，但是重新演奏出来的声音还是刺耳的嘈杂声。"嗨！停下来，我知道问题出在哪里，我们应该站一排！"驴子大叫起来。

于是，四个伙伴又按照驴子的说法，站成了一排，但是有什么用呢，它们演奏出来的"音乐"还是让人忍受不了。

"真是大笨蛋，驴子应该滚到一边去，小猴子坐山羊的左边！"

黑熊生气了，嘴里甚至出现了脏话。

"你敢骂我，我还请你吃过棒棒糖呢！"驴子委屈地喊道。

"好了，大家别闹，我们应该这样……"

"那样不行，我们应该这样……"

正当大家闹得不可开交的时候，一只夜莺恰巧从空中飞过，大家连忙叫住它，说道："帮帮忙吧，音乐大师，我们想搞一个四重奏，但老是达不到想要的效果。我们现在有乐器，有乐谱，你帮我们安排一下位置顺序就好了。"

"这样呀，"夜莺看了看四个狼狈的家伙，回答道，"其实，四重奏不是那么好演奏的，它需要你们都要有娴熟的技巧和默契的配合，光靠坐法是不行的，我看你们还不具备这些条件，而且你们的听觉也不是太好。说到底，我的朋友们，你们根本不适合演奏四重奏，可以尝试一下别的音乐。"

哲理启示

有了乐谱、乐器为什么不能演奏出好听的音乐呢？四个好朋友都认为是座位排得不对，于是它们不断地调整座位，然而无论怎样调整都达不到理想的效果。几个好朋友开始着急了，甚至连不该说的话都说出来了。幸好，有专家夜莺从旁边经过，帮助它们找到了问题的根本原因，并为它们出了主意。否则，这四个好朋友恐怕会越闹越乱，也许连好朋友都做不成了。

找不到问题的根本原因，而盲目地去解决问题，常常会把事情弄得更加不可收拾。比如，春天到了，老师发动同学们在学校道路的两旁栽上了珍贵的杨树苗。有些低年级的小学生非常调皮，有事无事就会折树苗玩耍，无意中就破坏了许多杨树苗，也浪费了大家的辛勤劳动。这个时候，如果我们对他们进行严厉的批评，可能会激起他们逆

反的心理，使事情更加无法收拾。这些同学之所以有这样的行为，是因为他们不了解树资源的宝贵，不懂得爱惜别人的劳动成果。针对这个根本原因，我们可以通过小故事给他们讲珍惜树木、保护环境、尊重别人劳动果实的道理，如果这样，乱折小树苗的现象自然就会消失了；学习上也是这样，一次考试失败后，我们要抓紧找到没能考好的根本原因，然后对症下药，这样才能更快更好地弥补不足，以便将来取得理想的成绩。

找到问题的根本原因，事情也就容易解决了。所以，无论遇到什么样的问题，静下心来，让我们仔细想一想，为什么会出现这样的情况。

老铁匠和紫砂壶

　　　总有一些事情会打破生活的常态，让人心中产生波动。大多数人不懂得适时地放弃，任凭欲望在心中激荡，患得患失不可终日。但是，也有人清醒地知道自己真正需要的是什么，不为物质诱惑所动。有舍才有得。

　　老街上有一个铁匠铺，铁匠铺的主人是一位老铁匠。现代人早已不需要打制的铁器了，老铁匠的手艺无处施展，就改卖斧头和拴小狗的链子，这也算是与时俱进吧。

　　然而老铁匠的经营方式却依然传统和简单：人坐在门内，货物摆在屋外，不吆喝，不还价，晚上也不收摊，任凭你什么时候打铺前走过，永远都会看到老铁匠悠闲地躺在竹椅上，手里拿着半导体，身旁有一把紫砂壶。生意无所谓好坏，收入足够老铁匠喝茶和吃饭，老铁匠老了，他不需要更多的东西了，所以他对现在的生活很满足。

　　一天，一个文物商人从老街走过，无意间看到老铁匠的紫砂壶，顿时被吸引过来，因为这把紫砂壶紫黑如墨、古朴雅致，很有清代制壶名家戴振公的风格。商人走过去，接过紫砂壶仔细端详，壶内赫然有一记戴振公的印章。戴振公素有涅泥成金的美名，现今传世的作品仅有三件，一件在美国纽约的州立博物馆；一件在台湾的故宫博物馆；另外一件在泰国的一位华侨手中，是 1993 年在伦敦的拍卖市场上，以 16 万美元的价格买下来的。

商人内心激动不已，脸上却波澜不惊，他对老铁匠说愿以10万元的价格买下紫砂壶。听到这个数字，老铁匠大惊失色，但是最终他还是拒绝了，因为这把壶是从他爷爷那里传下来的，祖孙三代打铁时喝的都是这把壶里的水，他们的汗水都来源于这把壶。

出于对紫砂壶的深厚感情，老铁匠没有答应商人的条件，但是当晚他却第一次失眠了。这把壶伴随他将近60年了，一直以来他都以为这不过是一把普普通通的壶，现在居然有人用天价来收买它，这让老铁匠有点回不过神来。过去他躺在竹椅上喝水，都是闭着眼睛随意把壶放在一边，现在他却不能这样坦然，常常忍不住坐起来看一眼，这让他感到十分不舒服。更让他不能容忍的是，当人们知道这件事情后，纷纷过来观赏他的壶，有的还询问他有没有其他的宝贝，有的甚至向他借钱，更有甚者，夜半人静的时候偷偷摸进他的门。原本平静如水的生活，掀起了大浪，老铁匠有点招架不住了。过了不久，那位商人怀揣着20万现金第二次登门，面对花花绿绿的钞票，老铁匠终于坐不住了。他找来左邻右舍，拿起一把斧头，当众把那把金子一般的紫砂壶砸了个粉碎。

从此以后，老铁匠又过上了平静而悠闲的生活，身边的茶壶是一把真正普通的瓷壶。现今，老铁匠还在卖斧头和拴狗的铁链子，而他已经102岁了。

哲理启示

伴随老铁匠几十年的紫砂壶，居然是一件稀世珍宝，这个消息打破了老铁匠原本平静的生活，也让老铁匠的内心出现了波动。面对财富的诱惑，他最后毅然选择了放弃，又回到了原本悠闲自得的生活中。

你或许为老铁匠感到惋惜，巨额的财富转眼间化为乌有。但是对于老铁匠来说，他并不需要过多的财富，粗茶淡饭和恬淡的生活早已

能使他安然舒适。相反，守着财富，势必会受到许多打扰，自己也会患得患失，没必要为自己不必需的东西受这份折磨，打碎紫砂壶可以看出老铁匠过人的智慧。

懂得放弃是给自己更大的空间，退一步海阔天空。南亚有一种捕捉猴子的陷阱：把椰子挖空，用绳子固定在树上或者地上。椰子上留一个小洞，洞口的大小恰好可以让猴子空手伸进去，却无法握着拳头伸出来。在洞里放一些猴子喜欢的美食，于是猴子就会闻香而来，把手伸进去抓食物，却缩不回来了。当猎人赶过来的时候，猴子惊慌失措，更加逃不掉了。

没有人抓住猴子不放，只要他伸开自己的手，立即就会获得解脱。像猴子一样，我们也常常会被贪念所捕获，任由自己受到痛苦的煎熬，比如，同桌的电动游戏机很好玩，邻居小朋友的衣服很漂亮……我们也想拥有，于是就这些念头缠绕着，当我们的欲望得不到满足时，就很沮丧，这是要不得的。我们应向老铁匠学习，放弃无谓的执着，就会轻松自在了。

清净的河水

只要我们耐心地等上片刻，小河就会恢复清澈。生活上很多事情也是这样，只要你耐心地等上片刻，烦恼就会自动消失。

一天，老禅师带着一个徒弟出游，这一天天气非常炎热，两个人没走多少路就汗流浃背了，嗓子眼像要冒烟了一样。老禅师就吩咐徒弟说："咱们刚才不是渡过了一条小河吗？那儿的河水清澈甘甜，你赶紧跑回去舀些水来解渴吧。"于是，徒弟接过禅师的金钵就去了。

过了好一会儿，徒弟两手空空地回来了，他禀告师父说："小河边来了一群贩马的商人，马在河水里戏耍，早已经把河水弄脏了。不如我们一边走路，一边再找别的水源吧。"

老禅师听了，摇摇头说："牛羊不吃身边的草，反而要翻山越岭去吃远方的沙子，你听说过这样的事情吗？我们现在渴得走不动路了，为什么还要再走路去寻找水源。我看你还是抓紧再回去一趟，这次一定不会空手而归的。"

徒弟心里非常不愿意，以为这次回去仍然只有浑浊的溪水，但是又不敢顶撞师父，只得撅着嘴，磨磨蹭蹭地回到了小河边。

然而，眼前的景象大大出乎他的意料，才这么一会儿工夫，刚才那一批贩马的商人已经没有踪影了，小河又恢复了以前的平静，河水清澈见底，好像什么事情都没有发生过一样。

哲理启示

清澈甘甜的河水可以缓解行人的干渴，但是它却被粗鲁的人、马弄得浑浊不堪。徒弟打算去寻找其他的水源，而禅师却料到河水已经变清。经过这件事情，徒弟应该懂得：只要我们有耐心，等上片刻，小河里的落叶会流走、泥沙会再度沉淀，河水会像从前一样清澈。一条小河如此，生活中的很多事情也是这样，耐心地等上片刻，烦恼也许会自动消失。

有些人害怕黑夜，每当黑暗降临的时候，常常会胡思乱想，觉得那浓重的阴影后面藏着许多神秘的东西。怎样面对黑夜呢？在天上挂一个人造太阳吗？那是不现实的。其实，只要我们平静地等待，毫无疑问，明天太阳会准时升起；有些人讨厌浓雾，在这样"朦朦胧胧"的天气里，感到非常焦躁，其实，只要我们耐心地等待，雾终究会散去，太阳终会出来。

和同桌发生了矛盾，对方生气不再理你，怎样赔礼道歉都不能让他原谅你。怎么办呢？再吵一架吗？要调换座位吗？不必这样，耐心地等待，给他时间去想通事情的前因后果，慢慢地你们就会重归于好；小斌的奶奶去世了，同学们怎样劝说也不能让他走出悲伤，这个时候，我们不妨静下心来等待，时间是治愈一切伤痛的良药，用不了多久，小斌就会从悲伤中走出来的。

等待是一种智慧，但绝不是逃避责任。当困难暂时无法解决，主动去做只会让事情更糟糕的时候，耐心地等待是不错的选择。

185

老鼠与米缸

生活中，很多人能够意识到前面危险的存在，但是要做出准确的判断，并及时地跳过"生命的高度"，就不太容易做到了。

又是一个青黄不接的季节，连穷苦的人们都揭不开锅，更别提寄居在人家的老鼠了。一只饿得两眼发绿的小老鼠，跟跟跄跄地来到熟悉的厨房，期望能够找到一些食物，哪怕是一些发霉的剩饭也好呀。然而，厨房干净地能照出自己的影子，这可不是小老鼠所愿意看到的景象。它艰难地爬到灶台上，在光滑的瓷砖上缓缓向前走，忽然脚下一滑，小老鼠从高处掉了下来。

小老鼠感到自己并没有掉到坚硬的地面上，身下的东西一粒一粒的，像是……大米！"别瞎想了，是不是饿疯了，怎么会有大米呢。"小老鼠苦笑着，缓缓睁开眼睛，眼前的一切让它感到一阵眩晕，那白花花的东西可不就是日思夜想的大米嘛！小老鼠使劲咬了一下大腿，钻心的疼痛让它不禁颤抖了一下，这不是幻觉！

"我找到吃的了！"面对突然降临的幸福，小老鼠忍不住大叫起来。但是马上它就意识到了自己的莽撞，伸出贼溜溜的脑袋，四处观察了一下，没有发现异常现象，才又捂着嘴"哧哧"地偷笑。原来，小老鼠恰巧掉进了一个半满的米缸里。

接下来的日子里，小老鼠吃饱就躺在米堆里睡觉，睡醒了继续大

吃，日子过得别提多舒服了。然而，米越吃越少，米缸口离自己越来越远，再吃下去，可能自己就不能爬出米缸了。我是不是应该出去呢？小老鼠进行着激烈的思想斗争，但是，一想到以前在外边所受的罪，它就退却了。"再等等吧，现在出去也难免挨饿。"小老鼠一边吃着香甜的大米，一边自言自语地说。

日子在无忧无虑中不知不觉地过去了，小老鼠把自己吃成了一只肥胖的大老鼠，米缸里的米也所剩无几了。终于有一天，米缸见底了，小老鼠警觉地向上望了望，发现米缸的口遥不可及，早已超过了自己所能攀越的高度，现在想跳出去，已经是无能为力了。小老鼠有气无力地倒在了米缸里，想起外面现在应该是收获的季节了。

哲理启示

对于老鼠而言，那半缸米就是它生命的试金石，如果它想把这半缸米全部吃完，就必须付出生命的代价。心理学家把老鼠能跳出缸的高度称为"生命的高度"，这个高度就掌握在老鼠自己的手里，如果它多留在米缸里一天，多吃一粒米，它就距离死亡更近了一步。

生活中，我们也会常常面临老鼠那样的处境。四年级的小雪从一年前开始练习钢琴，起初兴趣很浓，然而渐渐地，她感到练琴没有意思了，迷上了漫画书，每天放学的时候，首先看上一会儿漫画书，然后再敷衍了事地练上一会儿琴。后来，干脆不练琴了，把所有时间都用来玩耍。她自己还有一套理论：暂时不练琴，不会感到生疏的。而且，离开钢琴一段时间，还有助于我重新对钢琴产生兴趣。一转眼，两个多月过去了，当小雪再坐到钢琴前时，已经不会弹了。

因此，当你意识到不能再吃"米"的时候，请你一定要立即跳过"生命的高度"，如果禁不住诱惑，那么后果可想而知了。

怀表的声音

生活中，我们总会遭遇一些难以应对的事情，盘根错节的烦恼会把我们的心纠缠住。这时候如果我们能够静下心来，仔细地思考问题，那么事情就会变得容易解决了。

一个农场主在巡视他庞大的粮仓时，一不小心把随身携带的一块金怀表弄丢了。农场主非常着急，不仅是因为这块怀表非常名贵，更重要的是它有特殊的纪念意义，那是他父亲留下来的遗物。

农场主遍寻不到，他擦了擦脑门上的汗珠，心想：要找到那块小小的金怀表，必须发动群众的力量。于是，农场主就写了一个告示：悬赏 100 美元，寻找金怀表。

看到善良的农场主遇到了难题，大家都非常乐意伸出援助的手，更何况还有 100 美元的重赏呢！于是，人们卖力地四处寻找，但是粮仓里满是堆积成山的稻谷，还有一捆捆的稻草，从中找到小小的怀表，谈何容易。人们一直忙到太阳落山，还是没能找到金表，整整一天一无所获的人们，纷纷抱怨起来，他们不是抱怨金表太小，就是抱怨粮仓太大、稻草太多，最后大家不得不放弃了这大海捞针一样的任务。

一个穷苦人家的小男孩在众人离开之后，依然在粮仓内坚持寻找，他不仅是为了替农场主解决难题，更是渴望那 100 美元的奖赏，那足以暂时解决他们一家人的吃饭问题。天越来越黑，小男孩焦躁地寻找着，他知道如果天完全黑下来的话，就更没有找到金表的希望了。

过了许久，小男孩颓然坐倒在地上，他不打算再寻找下去了，粮仓里变得异常寂静。忽然，小男孩的耳畔传来"滴答滴答"的声音，是怀表的声音，小男孩心头狂喜，他屏住呼吸，循着这清晰的声音终于找到了金表，最终小男孩如愿得到了100美元。

哲理启示

农场主悬赏100美元来寻找丢失的怀表，所有人都想帮他找到那只金表，他们从早上一直忙到晚上，却没有一个人想到要静下来，停止喧闹，静下心来倾听，因为怀表会发出"滴答滴答"的声音。夜深人静，当小男孩让自己静下来的时候，他找到了那只一直在响着的怀表。

当你考试遇到挫折的时候，当你和朋友闹翻了的时候，当你感觉到麻烦千头万绪缠绕心间的时候，当你找不到前进的方向的时候，静下心来，静静地走在铺满落叶的小道上，静静地去欣赏夕阳西下的美好。在宁静中，我们能够更好地调整自己的心态和奋斗的目标，能够正视自己的错误，能够重新燃起冲锋的信心。

如同道路有时平坦有时崎岖一样，我们也会有成功的喜悦和失败的沮丧，情绪大起大落的时候，告诉自己静下来。宁静会使你的内心滋生出智慧和力量。我们都有这样的经验，当大家遇到难题的时候，吵吵闹闹什么事也干不好，静下心来却常常能想到好的对策。

"宁静而致远"，让我们静下心来，去倾听那"滴答滴答"的声音，去寻找前进的方向吧！

野猪的悲剧

对于明知危险的事情，不要轻易去尝试，否则，你将很容易深陷其中不能自拔，最终付出惨重的代价。

西北风呼呼地刮着，皑皑白雪覆盖着大地，严寒的冬天肆意施展着它的威力，萧瑟的森林里早已没有了一点生气。

一头疲惫的野猪，独自在山林里穿梭，寻找能够让它饱餐一顿的食物。但是，看来今天又要空手而归了，放眼四面，雪地上只有自己孤零零的脚印，别的动物都躲在窝里，享受着温暖和舒适，只有自己为着生计，受到风雪的拍打。野猪深切地感受到了生活的艰辛，它梦想着"饭来张口"的生活。这个时候，它想到了远房亲戚家猪，它们的吃喝都由人伺候，每天除了吃饭就是睡觉，完全不必遭受生活的艰辛，它们的生活不正是自己向往的吗？

野猪想去投靠家猪，不过马上它又清醒过来了，家猪的生活固然舒适，但是那也是要付出代价的，狡猾的人类从来不会做赔本的买卖，一旦把猪养肥，他们就会杀了家猪，吃猪肉！想到这里，野猪不禁打了一个寒战，它开始同情家猪，自己觅食固然不容易，但是至少命运还掌握在自己的手中，而家猪呢，完全被人类控制。野猪平静了一下思绪，继续自己艰难的觅食之路。

转眼3天时间过去了，野猪仍没有找到食物，肚子早已开始抗议，不断发出愤怒的呐喊。它开始动摇了：家猪之所以任人宰割，是因为

它们没有强有力的反抗能力。而我不同啊，我的身体强壮，还有锋利的獠牙，估计人类也不能奈我何。不如先混到家猪圈里，胡乱对付过一个冬天，明年开春的时候再逃走也不迟呀！于是，当晚，野猪轻易地跳进了猪圈。

在这个冬天剩余的日子里，野猪过着完全和家猪一样的生活，吃饱了睡，睡醒了再吃，小小的猪圈成了它的天堂。转眼，人类的春节到了，农户磨刀霍霍，准备杀猪吃肉，忽然他发现了混在家猪内的野猪，膘肥体壮，肉味一定比家猪更加鲜美，就决定第二天先拿野猪开刀。

凭借敏锐的嗅觉，野猪已经觉察到了危险，它决定当晚逃命。然而，连续几个月的暴饮暴食，再加上缺乏锻炼，它的体重已经严重超标，体质则江河日下，原本不放在眼里的猪圈，现在却变成了无法逾越的障碍。野猪连续试了很多次，都以失败告终，最后，野猪颓然倒在地上，眼里渗出悔恨的泪水。

哲理启示

野猪清楚地知道，家猪无忧无虑的生活是以被宰杀的代价换来的。但是，面对凌厉的寒风与饥饿的威胁，野猪还是屈服了。抱着侥幸的心理，它跳进了家猪的温柔圈，安逸的生活让它忘乎所以。然而，天下没有免费的午餐，野猪终究要为自己当初的选择付出惨重的代价。面对被人类宰杀的命运，野猪的眼里渗出了悔恨的泪水。

从野猪的身上，我们可以吸取这样的教训：不要轻易尝试明知不正当的事情。我们都知道沉迷于电子游戏不对，那样会耽误学习，浪费许多宝贵的时间。但是，仍然有许多同学禁不住诱惑，侥幸地想：没事，我只玩一次，下次就不玩了。结果，有了第一次，就有第二次，然后是三次、四次……最后整天泡在网吧里。明知道考试将近了，依然沉迷于游戏之中，考试成绩就可想而知了。这样的事例并不少见，

那些倾家荡产的赌徒谁不是抱着赢一次就收手的心理去赌博的呢?

　　从来没有什么美丽的错误,所有错误的后果都是苦涩的。不要对自己的自制力抱有过分的自信,只有远离那些显而易见的"陷阱",我们才能更加健康地成长。

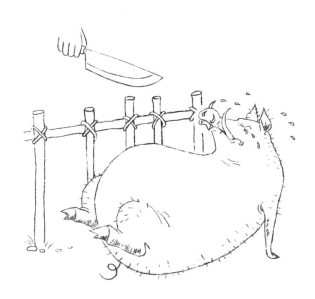

大公鸡的悲剧

习以为常的，不一定都是真理，如果太过于相信常规而放松警惕，难免会遭受灾难。

一天，一位不速之客来"拜访"英国著名的怀疑论哲学大师休谟。休谟将一壶水放在火炉上，准备用开水为客人沏茶。很显然，客人并不是来和休谟喝茶谈心的，他毫不客气地质问道："听说你对所有事情都持怀疑态度，是这样吗？敢问先生，你是否怀疑这壶水几分钟以后一定会开？在我看来，这是不容置疑的，因为火的热和水的沸腾之间存在必然的因果联系！"

休谟早已习惯了这样的质问，他淡淡地说："照以往的经验来看，这壶水可能会开吧，但是我不敢贸然说什么必然。是的，火的热和水的沸腾常常是先后出现的，但是我们没有理由说它们之间存在必然的因果联系。"

客人对休谟的话似懂非懂，就说道："先生的话，高深莫测，让我摸不到头脑。请你用通俗的、最好是举例子的方式把这个道理再解释一遍。"

于是休谟就给客人讲了这么一个故事：有一个农夫养了很多鸡，每次给鸡喂食的时候，农夫都会把栅栏门敲得山响，久而久之，"聪明"的鸡就明白了这样的道理：当栅栏门被敲响的时候，主人一定会来喂食，因为以往都是这样的。一天，一位朋友到农夫家来做客，为了招待朋友，农夫决定杀两只鸡。他提着明晃晃的菜刀照例来到栅栏旁，像往常一样把栅栏敲得山响，鸡坚信主人又来喂食了，争先恐后地跑过来。有两只大公鸡仗着身强体壮，率先把脑袋伸出了栅栏，它们没有发现想象中的食物，而主人的菜刀却一挥而下，可怜的大公鸡还没有意识到自己的错误，就倒在了血泊中！

休谟讲完了这个悲惨的故事，一边用不太锋利的水果刀削着苹果，一边自言自语地说："可怜的大公鸡倒在了自以为是里，而有些人却并不比这两只大公鸡聪明！"

不速之客心头一怔，他看着主人手中的水果刀，摸着脖子仓皇而逃，休谟追到门口大声喊道："水就要开了，怎么，不喝一杯茶再走吗？"

哲理启示

农夫每次喂鸡的时候，都把栅栏门敲得山响，久而久之，鸡理所当然地就把这种响声当作了开饭的铃声。它们没有想到：其实这响声和开饭并没有必然的联系，有时候这种响声也可能是死亡的钟声！大公鸡为自己的"自信"付出了惨痛的代价。

很多事情表面上看来有着必然的联系，事实上却不是这样。比如，努力奋斗和成功之间似乎有着因果关系，可以这样说，我努力奋斗了所以我一定会成功，这样说是不是太绝对？诚然，成功者大多数经过一番努力奋斗，但并不是所有努力奋斗者都会成功，这中间还有许多其他的因素在起作用，例如，你选择的方向，你的技巧，客观条件等等。所以，不要以为努力奋斗和成功之间存在必然的联系。明白了这个道理，在经历一番拼搏又遭遇挫折的时候，你就不会失去信念、丢掉勇气。而是积极地总结教训，重新向成功发起冲击。

有些同学认为金钱和快乐之间有着必然的联系，有钱就有漂亮的

新衣服，有最精致的学习用品，能请到最好的老师做家教，可能也会让很多同学美慕不已。但是，如果因为有钱而自负霸道，就不会受同学们的欢迎，也不会得到老师的肯定。这时候，即使再有钱也不会感到快乐吧！

　　因此，我们不要被一些表面现象所蒙蔽，想当然地认为事情应该怎么样，如果这样的话，我们会失去应有的警惕，甚至会犯致命的错误！

拔苗助长

自然界中万物的生长都有自己的规律，人不能强行改变这种规律，遵循规律办事才能取得成功。急功近利、急于求成，置客观规律于不顾，只会得到相反的后果。

从前，有一个宋国人以种庄稼为生，一天到晚泡在田地里干活，十分辛苦。中午时分，炙热的太阳当空，他头上没个遮拦，豆大的汗珠顺着脸颊不断地掉到地上，浑身的衣衫不知被湿透了多少回。他一刻都得不到休息，不得不弓着身子插秧。遇到雷雨天气的时候，也没有地方可供躲避，他只能冒着大雨在田地间犁地，雨水劈头盖脸地砸下来，他根本就睁不开眼睛。

就这样，宋国人日复一日辛勤地劳动，每当夜幕降临的时候，他回到家中总会感觉到浑身酸疼难耐，一屁股坐在椅子上，一动也不想动。宋国人竭尽全力去侍弄庄稼，但是让他感到十分不解的是：庄稼似乎从来都没有长高过。看到这种情况，宋国人急得心里直冒火。

一天，宋国人在田里耕了很长时间的地，疲惫不堪，就坐在田埂上稍事休息。他望着无边的庄稼地，忍不住叹息道："庄稼呀，你知道我每天有多辛苦吗？为什么你们不能体谅体谅我，快快长高呢？快一点长高，听到了没有，快点长高……"宋国人一边嘟囔着，一边揪着自己衣服上的一根线头，线头没有揪断，反而还长了一大截。宋国人望着线头出神，忽然他猛地一拍大腿，嚷道："对呀，我怎么这么笨呢，

让我来帮助麦苗长高。"于是，他一跃而起，在田地里忙碌起来。

这天晚上，宋国人回家特别完，但是兴致却比以前要高得多，他一踏进家门，就冲着妻子叫道："这下可好了，我们家的麦苗全都长了一大截。这么好的方法我怎么早没有想到呢。"妻子听得满头雾水，就问道："你用的是什么方法？"宋国人得意地回答道："我把每棵麦苗都拔高了一截。"妻子听了大惊失色，她顾不得去埋怨丈夫，提了一个灯笼就往田地跑。宋国人望着妻子的背影笑道："慢点跑，瞧把你高兴的。"

妻子来到自家的田地里，看到满地的麦苗全都枯死了，顿时瘫倒在地上。

哲理启示

世界上哪有一步登天的捷径呢？这个农夫真是太心急了，他无视每一种植物都有自然的生长规律，都需要阳光、空气、水分以及土壤等自然条件的支持和人的辛勤培养，才能结出丰硕的果实。农夫想立即得到收成，不想付出更多的努力，这注定是要失败的。

学习上也是一样，有的同学总想着快速提高学习成绩，想着走捷径，却常常是欲速则不达。学习的规律是循序渐进，打好基础，才能不断取得进步，学习不存在捷径。看到这里，你可能会说："不对呀，有些同学平时并不怎么努力，但成绩却一直很好，他们一定有捷径！"其实，这些同学是掌握了高效的学习方法，使得学习事半功倍。你可以去请教一下这些同学，他们的回答是：其实我也是先下苦功夫把基础打牢靠了，可以灵活运用这些知识，才有了今天这样轻松的学习状态。

很多同学不明白学习的规律，不去重视平时的积累，不去重视基础知识，考试之前拼命地去做练习题，用死记硬背的方法去牢记解题的方法，渴望在考试的时候能遇到类似的题目甚至是原题。运气好的

话，或许会取得一次两次的好成绩，但是从长远来看，结果一定会像拔苗助长的农夫一样欲哭无泪了。

不仅在学习上，在为人处事上，在日常生活中的其他事情上，我们都不能违反客观的规律，否则只能是欲速则不达。

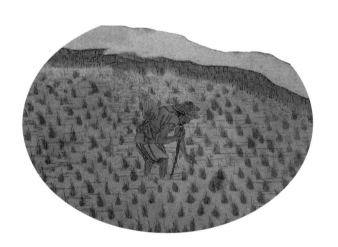

爷孙俩和驴子

　　　　无论你做得多好，总不能让所有人满意。这个世界上总有人对你说三道四，确实有益的劝说你要听，而对于吹毛求疵、恶语中伤，最好把它当作耳旁风，否则受伤的是自己。

　　爷孙俩牵着一头驴去赶集，走了不久就听到路旁有人小声议论："看看这两个傻帽，有驴居然不骑，宁肯步行，真是一对傻子。"爷爷和孙子听了，对视一下，觉得别人说的有道理。于是，爷爷想也没想就把年幼的孙子抱上了驴背，爷爷牵着驴继续往前走。

　　没过多久，周围又有人议论了："你看看，那孩子太不像话了，怎么能自己骑驴，让年迈的爷爷在路上走呢，真是太不孝顺了。"老爷子听了觉得太有道理了，心想：我这么大年纪还在路上走，活蹦乱跳的小孩子居然骑着驴，是有点不像话，怪不得别人说。于是，老爷子把孙子从驴背上拽下来，自己骑了上去。

　　走了没多久，老爷子的耳朵又传来了议论声："这么大年纪一点也不懂道理，怎么能把小孩子扔在下面，自己反而骑起驴来了，真不害臊……"老爷子听了羞得满脸通红，赶紧从驴上下来，把孙子抱上驴，然后自己也上去了。心想：爷孙俩都骑在驴上，这下可没什么好说的了吧。

　　谁知没过多久，又有人说话了："这爷俩可真有意思，两个人骑一头那么瘦弱的驴，真懒得够呛。自己是轻松了，恐怕这驴要被累死

了。"老爷子听了也觉得不无道理,他立即翻身下驴,把孙子也抱了下来。这下老爷子可不知道怎么办了,牵着驴不行,骑着驴不行,怎样才能堵上别人的嘴呢?"嘿!干脆,我俩抬着驴走,看他们还说啥!"一不做二不休,老爷子立即找来一根长木棍,把驴绑在上面。

于是,爷孙俩一前一后抬着驴赶集去了,瞧,这头驴平生第一次受到这样的待遇。

哲理启示

想好了就去做,不要因为别人的议论而轻易做出改变。活在别人的口水里,你永远到达不了成功的彼岸。

爷孙俩简直可以算是"虚心接受"群众意见的榜样了,结果怎么做都不对,怎么做都免不了被别人说闲话。如果让我们来告诉他们该怎么做,你也一定不会有一个令所有人都满意的办法,这本来没有所谓的对错,没有一个衡量是非的标准。所以,只要他们认为是正确的,也就是最合适的,管别人说什么呢!

在学习上,我们也要有主见,不能人云亦云,比如做一道数学题目,有的同学明明自己得出了正确的答案,但是因为与成绩好的同学的答案不一样,于是就把自己的正确答案改掉了,反而接受了一个错误的答案。弄到最后,自己后悔不已;在报补习班的事情上也有类似的情况,有的同学没有明确的目的,看到别人报了什么班,不顾自身的情况,也跟着报。这样做就很不理智,白白浪费了时间和金钱。与其这样,还不如在家里好好休息休息呢。

当然,让你坚持自己的观点,并不是要你一意孤行。如果真是自己错了,也要虚心接受别人的批评建议。我们只有在这两方面都做好,才能不断取得进步。

画驴师

　　面对别人的嫉妒与恶意中伤，我们是选择激烈的反抗，还是选择默默地忍受？我们应从中开辟一条通向光明的道路，使谣言不攻自破。

　　宋朝的徽宗皇帝非常喜欢书画，一次他微服私访的时候，看到大街上有人专门卖驴画，就随口问身边的随从人员："天下何人画的驴最好？"随从人员一时答不上来，就派人去四处打听。被问到的人大多不知道，只有一个好事者说一个姓朱的画家是专门画驴的。

　　这个好事者所说的朱姓画家，就是朱子明，他在山水画上有非常深的造诣，深受人们的敬重，对于画驴却没有什么心得。有些人对朱子明非常嫉妒，于是就造谣说朱子明是专门画驴的画家。皇上的随从人员不知真假，就把朱子明报告给了皇帝。于是，徽宗皇帝就下令把朱子明召进皇宫内，专门给皇家画驴。

　　得到这个消息，朱子明哭笑不得。那些嫉妒他的人则暗自高兴，觉得朱子明这回可完了，再也不能取得成功了。

　　进入皇宫以后，朱子明放弃了自己钟爱的山水画，潜心琢磨画驴的技巧。先后为皇帝画了数百张驴图，一张比一张逼真，一张比一张精妙，深受皇帝的赞赏。没想到朱子明因此真成了画驴第一人，他的名声比以前更大了，许多作品都被人们当作珍宝一样收藏。

　　朱子明晚年的时候，对此深有感触，他感叹道："妒忌是坏事也

是好事。对于那些贬低和责骂我的人，我要向他们表示感谢，因为是他们成全了我现在的地位！"

哲理启示

朱子明是一位优雅的山水画大师，然而偏偏有人说他是一个画驴的高手，在人们的印象中，画驴并不是件高雅的事情，这明明是在诬蔑和贬低朱子明。怎么办呢？迎头抨击好事者只会加深仇恨。如果自己埋头生闷气，只会影响自身的健康。朱子明没有被流言所击倒，他反而顺水推舟地做起了画驴师，经过几年的努力，最终成就了更高的声誉。朱子明用自身的行动，告诉我们应该如何去面对嫉妒，如何去面对诽谤。

班级里有一位成绩平平的同学，这位同学不甘于永远落在别人的后面，通过刻苦的学习，终于在一次考试中名列前茅。大家都感到他的进步不可思议，于是有人说，他之所以考这么好，肯定是抄袭的；也有人说，他事先就得到答案了。最后谣言四起连老师都不信任他了，还专门找他谈话。这位同学进行了激烈的争辩，但是这并不能改变大家的看法。最后，这位同学选择用事实来回击这些诽谤和中伤，在以后的考试中，他每一次都名列前茅，甚至在整个年级中都出类拔萃。那些可恶的谣言被击碎了，这位同学也最终赢得了大家的尊重。

面对嫉妒和诽谤，用更好的表现、更好的成绩去回击，这就是朱子明教给我们的处世良方。

第七章
与人相处的秘密

你一定会来救我

被别人信任是一种幸福。如果别人在面临绝境的时候伸手向你求救，那么你绝不要辜负这种信任！

故事发生在中世纪的欧洲，那时候轮船是运载货物的最先进的工具。黑人男孩汤姆是一艘货轮的勤杂工，这一次汤姆又随着轮船出海了。

汤姆的主要工作是在船尾搞后勤，他人虽小，做起工作来却非常细致周到，深受船长的赞赏。轮船在烟波浩渺的大西洋上航行，一个晴朗的早晨，朵朵白云漂浮在蔚蓝的天空上，白色的海鸥调皮地追逐着轮船，几只可爱的海豚不时翻出水面，像是在表演节目。小汤姆完全被眼前的美景所吸引了，忽然船身一个摇晃，小汤姆立足不稳掉进了无垠的大西洋。惊慌失措的他大声呼救，无奈在机器的轰鸣声中，谁也没有听见他的叫声。无情的货轮越走越远，留给小汤姆一串串残酷的浪花……

天气说变就变，暂时的平静霎时被波涛滚滚所取代。出于求生的本能，这个顽强的孩子拼命地挥动着瘦小的手臂，努力把头伸出水面，瞪大眼睛盯着轮船远去的方向。他多么希望轮船会掉头来救他啊，但是它却一点点在视线内消失。

小汤姆的力气快要用完了，冰冷的海水一次次灌进他的嘴里，巨大的恐惧攫住了他的心。好几次，汤姆都觉得自己要沉下去了。"放

弃吧，你战胜不了大海的。"他这样对自己说，但是每当这时，他总会想起老船长那慈祥而友善的眼神，"不，我不能放弃，老船长一定会来救我的，我要坚持下去。"汤姆一次次鼓起勇气，用尽全身的力气向前方游去。

老船长终于发现黑人小孩失踪了，他找遍了轮船的每一个角落都不见汤姆的身影，唯一的解释只能是汤姆落水了。老船长对船员们下令："掉转船头，我要去找小汤姆。"这时候，一个船员出来劝阻："这么长时间了，即使没有被海水淹死，也早已被鲨鱼吃了，还是不要浪费时间和精力了。"听了这话，老船长犹豫了一下，他觉得还是应该回去找一找。又有一个船员站了出来："不过是一个小黑鬼，值得我们回去找吗？""闭上你的臭嘴，马上返航！"老船长斩钉截铁地命令道。

终于，在汤姆将要虚脱的时候，船长及时赶到了，救起了处于昏迷状态的汤姆。过了很久，小汤姆终于清醒过来了，他泪流满面地跪在船板上答谢老船长的救命之恩，船长赶紧扶起汤姆，问道："好孩子，告诉我你是怎么坚持这么长时间的？"

汤姆盯着老船长的眼睛，回答道："我知道您一定会回来救我的，一定会的！"船长笑着说："你为什么这样肯定呢？"汤姆认真地回答："因为我确信您是那样的人！"

看着淳朴的汤姆，白发苍苍的老船长"扑通"一声跪下来，他声泪俱下地说："孩子，不是我救了你，是你救了我的灵魂啊！我永远会为我在那一刻的犹豫而感到耻辱！"

哲 理 启 示

相信他人是需要勇气的，如果你真诚地相信他人，那么这种信任感就会给你带来巨大的力量。被他人相信是一种幸福，尤其是别人在面临绝境时的对你的信任，证明了你在他心目中的地位和他对你的信任度。

　　小男孩落水后，之所以能够长久地与海浪做殊死搏斗，不是因为他自大地认为自己能够战胜整个海洋，而是出于对老船长的信任，这种信任使他创造了奇迹。获得小男孩的信任，老船长有足够的理由为此感到自豪，因为他平时的一言一行，得到了小男孩的肯定和信赖，这并不是每个人都能做到的事情。老船长没有辜负小男孩的信任，但是他仍为自己那片刻的犹豫感到惭愧，表明了他对自己的严格要求。

　　小男孩是一个受人歧视的黑人，但是老船长却对他照顾有加，没有任何歧视，这让小男孩感到有种可信赖的力量在支撑他，因此小男孩在危难的时候才没有陷入绝望的境地。想一想在生活中，我们是否也像老船长一样给别人以安全感了呢？其实做到这一点并不困难，只要我们在学校里遵守纪律，在家里尊老爱幼，在朋友面前讲究诚信，在陌生人面前彬彬有礼，在别人遇到困难的时候竭尽全力去帮助……只要做好日常生活中的这些小事，你也同样能得到别人的信任。

　　谁也不想成为一个令朋友怀疑的人，那么为了给身边的人多一些信任感，让他们在遇到困难的时候第一个想到你，就从身边的小事做起吧，你会拥有那种被人信任的幸福感受！

一个神奇的小游戏

　　真心地去赞赏别人，给他人以信心，在别人为此感到高兴的同时，你也收获一份快乐。这样去做吧，把阳光洒向别人，你也不会再遭遇阴霾。

　　新学期开始了，班级里处处显现出新气象，只有学习委员小薇和体育委员小波之间的矛盾，让大家感到有种不和谐的感觉。为了解决这个问题，班长李军决定做一个神奇的小游戏。

　　一天，李军找来了小薇、小波和其他几位同学，李军神秘地对大家说："今天我们几个人来做一个小游戏，每个人都要称赞别人一句，这可是一个很神奇的小游戏哦。"大家都感到很不解："这么一个简单的游戏，有什么神奇的？"李军笑着说："我们做一下就明白了。"

　　李军开始给大家做示范："小欣，你的作文写得很好，大家都夸你是小作家呢！"小欣听了很高兴，说："是吗？大家真是这样认为的吗？谢谢你们，好了，轮到我了。"她看了看周围，就对娜娜说："娜娜，这件裙子穿在你身上真好看，简直就像小公主一样！"娜娜的脸上立即绽放了一朵花："我还以为今天没有人注意到我的新衣服呢！我也觉得它很漂亮。"就这样，大家一个个去夸身边的同学，无论是夸的人还是被夸的人都感到很愉快。

　　这时轮到小波了，他感到有些为难，因为他只有小薇可以夸了。他不情愿地开口了："小薇的头发很长。"这明显是在敷衍了事嘛，

李军看到这种情况就说道："小波这可不行，做这个游戏最重要的是去发现对方的优点，并发自内心地说出来。你想想小薇有什么优点？大家都是同学，应该很熟悉呀。"小波涨红了脸，不说话了。这时，只听见小薇真诚地说："小波你的体育真棒，上学期你参加了学校的运动会，还拿了第一名，为我们班级争得了荣誉，我很佩服你！"小波听了，非常感动，他赶紧说道："小薇，你也很优秀啊，你写的字漂亮极了，还参加了少年书法大赛呢！以后我要向你学习写字。"

就这样，通过一个小游戏，两个原本横眉冷对的"敌人"，又成为一对好朋友了。从此以后，同学们都喜欢上这个神奇的小游戏了，大家都更多地去注意别人的优点，发现原来每个人都很可爱，于是在班级里面就很少再出现有矛盾的同学了，整个班级也更加团结了。

哲理启示

这个游戏真有这么神奇吗？不信的话，你可以和身边的同学们做一次试试看，你和身边的同学一定能从中收获很多欢乐的。

其实，我们身边的每一位同学都有很多优点和特长，如果你发现了一个默默无闻的同学身上的优点并大声说出来，你将会感到很幸福，因为这个世界比之前更美好了。而那个受到称赞的同学同样会感到高兴，没有人会讨厌别人真诚的赞扬，他能从你的赞扬中看到自己的价值，从而做得更好。

另外，就像上述故事一样，如果你与某位同学有矛盾，真诚的赞美将会帮助你化解这个矛盾。把那位同学最美好的一面发掘出来，并大声说给他听，在这个过程中，你会发现那位同学其实并不像你想象的那样讨厌，他甚至可以成为你最好的朋友。而对方一定会被你的诚意所打动，所有的不快都会被抛到九霄云外。

一只鲸鱼的奇迹

> 从来都没有什么奇迹，成功的道路是脚踏实地、一步步走出来的。因此，对于别人，我们要有足够的耐心和爱心，对他们每一个小小的进步都给予鼓励，我们的鼓励是创造他们奇迹的最大动力。

如果你看到一个体重高达 8600 千克的庞然大物居然能够腾空约 6.6 米，而且还能做出许多匪夷所思的动作，我想你一定会发出惊叹，把这看作一个了不起的奇迹，觉得眼前的一切简直不可思议。然而事实上，真有一只鲸鱼创造过这样的奇迹。

鲸鱼是怎样做到这一切的呢？训练师为我们揭开了谜团：刚开始训练鲸鱼的时候，他们先把绳子放在水面下，引导鲸鱼从绳子的上方经过。每当鲸鱼成功越过绳子，训练人员都会拍拍它，并送上几尾鱼以资鼓励。当鲸鱼可以很轻松地越过一定高度的时候，训练人员就会悄悄地把绳子提高。不过，提高的速度非常慢，这样可以避免鲸鱼遭受太多的失败而产生沮丧的情绪。就这样，绳子越来越高，鲸鱼冲破了一道道界限。每一次小的进步，都会得到奖励和赞许，最终创造了惊人的奇迹。

毫无疑问，是鼓励和赞许帮助这只鲸鱼创造了吉尼斯世界纪录。一只鲸鱼尚且如此，那么在鼓励赞许的目光下，聪明的人类自然能够爆发出更大的潜能。但是遗憾的是，许多家长和老师却与训练师背道而驰，

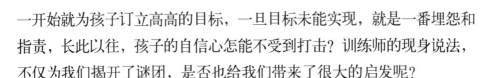

一开始就为孩子订立高高的目标，一旦目标未能实现，就是一番埋怨和指责，长此以往，孩子的自信心怎能不受到打击？训练师的现身说法，不仅为我们揭开了谜团，是否也给我们带来了很大的启发呢？

哲理启示

如果一个人生活在批评中，他就学会了谴责；如果一个人生活在表扬中，他就学会了自信；如果一个人生活在讽刺中，他的心中就会充满自卑和负罪感；如果一个人生活在鼓励和承认之中，他会向着成功的目标不断奋进；如果一个人生活在否定和贬低之中，他就学会了攻击、破坏和反抗；如果一个人生活在接受和认可之中，他就学会了自尊自重和爱别人。愿我们都生活在鼓励和赞美中，这样生活才更美好。

班上的小明同学因为一次考试没有考好就自暴自弃，有的同学说："平时不好好学习，考不好是活该！"小明听了，更加抬不起头来。这样恶语伤人是不对的，我们应该送上自己的鼓励。帮助他走出困境，我们难道不能从中收获一份幸福吗？小军同学在一次竞赛中取得了好成绩，有的同学嫉妒地说："不过是侥幸罢了，看把他美的。"小军听了立即拉长了脸。这样嘲讽别人也是错误的，我们应该去祝贺他，赞扬他，让他有信心朝着更高的目标迈进。那么，他将来的好成绩中就会有你一份功劳。大家互相帮助、共同进步不是很好吗？

想想吧，当我们成功的时候，如果没有赞扬和奖励，我们的喜悦之火马上就会熄灭；当我们失败的时候，如果没有安慰和鼓励，那么我们重新站起的信念就很难树立起来。除了自身的努力之外，我们要成功还需要别人的鼓励。同样的道理，对于别人，我们也不应吝啬自己的鼓励和赞扬。

微笑的力量

　　不要低估微笑的力量，它可以在任何一个冷漠的心灵里洒下温暖的阳光，它可以带来友谊，带来力量，甚至是生的希望！

　　故事发生在 20 世纪的 30 年代，德国乡村中有一位友善的传教士。这位传教士每天早上起来都要到一条乡间小道上散步，无论遇到什么人，都会友好地微笑一下，热情地问候一句："早上好！"

　　在那个时代，德国的居民对传教士特别是犹太裔传教士态度是十分不友好的，其中有一位名叫米勒的农民，对这位犹太传教士的态度尤其恶劣，起初每当这位犹太传教士向他问候的时候，他总是一脸冷漠地走开。然而，犹太传教士并没有因此而心存介耿，见到米勒，仍然友好地问候。就这样，没过多久犹太传教士几乎赢得了整个村庄人的友谊，所有人都成了他的朋友。终于有一天，米勒也脱下了帽子，对传教士道了一声："早安"。

　　转眼几年过去了，纳粹党上台执政，犹太人的悲剧开始了。一天，纳粹的铁骑踏进了宁静的村庄，传教士和村中所有的犹太人被集中起来，纳粹党把他们送往了集中营。在下火车列队前进的时候，前面有一个军官，不断地挥舞着手中的指挥棒，口中粗鲁地叫着："左！右！"这些可怜的犹太人并不知道，这个军官的吆喝决定了他们的生死。"左"意味着死路一条，"右"则还有生的希望。犹太传教士的

名字被这位指挥官点到了，他浑身颤抖着走上前去，无望地抬起头，指挥官熟悉的脸庞让他不禁一怔，传教士下意识地问候道："早上好，米勒先生。"

米勒先生冷若冰霜的表情不易察觉地抽搐一下，嘴里轻轻地吐出了两个字："早安。"声音低得只有传教士一个人才能听见。最终犹太传教士被指向了右边，他幸运地与死神擦肩而过。

哲理启示

微笑着的脸很美，很亲切；紧绷的脸则很丑，很阴冷。微笑着的脸给这个世界带来了更多的阳光，紧绷的脸则剥夺了本应该有的亲和力，给人与人之间隔上了一层障碍。

犹太神父面对冷漠，甚至是带有敌意的德国人，仍然面带友好的微笑。他相信人与人之间没有不可消除的偏见，微笑可以融化坚冰。事实证明，微笑的力量是巨大的，他赢得了小村庄所有人的友谊。即使是在与纳粹军队钢铁一样的戒律进行较量的过程中，神父还是用他的微笑为自己赢得了生的希望。

小明是班里最不爱说话的一个人，他的家境贫寒，以为大家一定瞧不起他，小小年纪就用冷漠和麻木把自己包裹了起来。老师发现了这个情况，就给小明布置了一项特殊的家庭作业：学会笑，每天用微笑去面对所有人，去面对所有困难和挫折，并鼓励小明努力去完成好这项作业。听话的小明按照老师的要求，每天用微笑去面对周围的人，刚开始的时候还很尴尬，笑得很不自然，但是没想到他得到了同学们热情的回应。后来，小明用微笑赢得了同学们的友谊，他重新融入了这个温暖的班集体。

所以，让我们微笑吧，笑对失败，去笑对敌意，去笑对人生！我们的生活一定会因为微笑而阳光灿烂！

生意人

> 一个人无论尊卑贵贱，都渴望别人的尊重。尊重的力量润物细无声，却能创造出令人意想不到的奇迹。

西装笔挺的约翰先生看起来心情不错，也许是秋高气爽的天气让他感觉到很舒畅吧。他提着轻便的行李箱，走过繁忙的火车站广场，准备去另外一个城市拜访一位朋友。

混乱的人群中，约翰先生看到一位双腿残障的人正在费力地摆设铅笔摊。这个人衣衫褴褛，蓬头垢面，双目呆滞，神情漠然，周围的繁华和热闹仿佛与他无关，他只关注与自己身下的小铅笔摊和行人偶尔扔下的硬币。很显然，他是一个乞丐。约翰先生感觉这个人与其他的乞丐不同，别的乞丐都伸手向路人乞讨，而在他的眼里却看不到低人一等的窘迫来。明明是个乞丐，却偏偏要做出一个生意人的架势。约翰先生突然对这个人产生了同情，他走到简陋的铅笔摊前，随手丢下了一张百元钞票，当作好心的施舍。"也许这个人可以用它去置办一些过冬的衣服。"约翰先生心想。那个可怜的人抬起头来，眼睛里并没有意料之中的欣喜和感激，反而让人有一种落寞和自嘲的神情。

虽然约翰先生并不期望从一个乞丐那里得到感激，他可不是那种与人小恩惠，就期望别人千恩万谢的人。但是，那个人的眼神还是给约翰先生留下了深刻的印象。"一个不知道感恩的人？"约翰先生边走边想，忽然他感觉到哪里有一丝不对劲，"也许我做了一件错事。"

他自言自语地嘟囔着。于是，他马上转身回到了铅笔摊前对那位残障者说："对不起先生，我想我是冒犯了您，您是一位生意人，而我刚才却把您当作了乞丐，我请求您的原谅。"听到这句话，残障者扬起了头，眼睛里闪烁着激动的泪花。约翰先生冲他点点头，起身向车站里走去，他猛吸一口秋天的凉气，感觉这个世界比刚才更加美好了。

转眼几年过去了，一天约翰先生又一次经过了这个火车站，嘈杂繁忙一如往昔，约翰先生早已不记得几年前的那件小事了。忽然，有人在后面大声喊了一声："喂！那位穿黑西装的先生。"约翰先生下意识地转头，看到一位看起来很体面的残障者正坐在轮椅里向他打招呼。他疑惑地走过去，感觉那个人似曾相识。残障者微笑着说："先生，我一直期待着能再次看到你。我就是几年前的那个乞丐。"残障者的眼里闪出了泪光，"你是第一个把我当作生意人看待的人，而这也成了我最大的动力，如今我成了一个真正的生意人，我有了自己的店铺。这一切与您的尊重密不可分，是你的一句话为我的生活带来了转机。我只想真诚地对你说声：谢谢！"

哲理启示

尊重是一把火炬，在人们的心灵之间传递着信任与友爱；尊重是一把金钥匙，能够打开被封闭的灵魂，让他们为真情而坚强，为尊严而盎然。

每个人都有自尊，都渴望别人的尊重。一个在火车站乞讨的乞丐，却摆出一副生意人的架势，他渴望别人的尊重，但是来来往往的人们无暇顾及他的异样，尊严在貌似好心的施舍下不经意地被践踏。约翰先生及时纠正了自己的错误，一句"您是一个生意人"让看起来毫无人格尊严的乞丐感动得热泪盈眶，为他的生活带来了转机，最终这位乞丐真的成了生意人。尊重的力量创造了一个人间奇迹！尊重别人就

等于尊重自己，约翰先生小小的付出，却得到了受益者几年的等待，两个人的互相尊重让人动容。

　　由此联想到我们日常的生活和学习，有的同学仗着自己学习成绩好，或者家庭条件好，就对别的同学不理不睬，不懂得尊重别人。结果到最后，自己变成了孤家寡人，于是就开始抱怨别人不尊重不理解自己。其实是他自己不尊重自己。扭转这种情况并不困难，只要这些同学能够换一种心态，在学校里尊重老师，关心同学，常怀一种感恩的心，感谢老师传授我们知识，感谢同学的帮助和友爱。那样我们的生活就会轻松快乐起来，在尊重别人的同时，也赢得了别人的尊重。

绝缨救将

> 宽容是一种美德，它可以平息纷争，可以使世界变得和谐美好，也可以改变被宽容者的命运，最终惠及宽容别人的人。

公元前 606 年，楚庄王凭借手下将士们的奋勇杀敌，一举消灭了叛军。回到都城后，楚庄王立即开了一个庆功宴，这个宴会的名称叫作"太平宴"，以此来祈求以后天下太平。宴会上楚庄王和将士们都非常高兴，从白天一直喝到晚上，还没尽兴。

这时候，忽然从外面进来一位白衣美女，只见她脸颊就像是三月的桃花，白里透红；一头乌黑的长发整齐地梳在脑后，消瘦的身材好像一阵风就能吹走一样。她款款来到大厅中间，向楚庄王行了个礼，就随着音乐跳起舞来。她一面转动着漂亮的裙子，一面唱出美妙的歌曲，简直就像天上的嫦娥一样，将士们都被她的舞蹈和歌声陶醉了。

她就是楚庄王最为宠爱的妃子——许姬。跳完舞后，楚庄王又叫许姬为在座的每位将军斟酒，她轻盈地像个燕子一样，一会儿飞到西，一会儿飞到东，将军们看到她来斟酒都乐开了花。

忽然，外面刮来一阵大风，吹灭了所有蜡烛，大厅顿时一片漆黑。许姬这时候正在为一位将军斟酒，这位将军居然趁着黑暗来拉她的袖子，捏她的手。许姬也很厉害，她顺手把这位将军帽子上的缨子摘了下来。快步走到楚庄王身边来，小声向他告状。要知道，调戏大王的

爱妃，那可是要杀头的呀，现在只要点上蜡烛，一眼就能看出谁的帽子上没有缨子。楚庄王想了想，高声喊道：“先别点蜡，今天我和大家畅饮非常痛快，大家就不要拘于礼节、正襟危坐了，统统把帽子摘下来吧，咱们继续喝酒！”

大家莫名其妙地摘掉帽子以后，楚庄王才命人点上蜡烛。这样，帽子都放在了桌子下面，连楚庄王和许姬也不知道刚才那位大胆的将军是谁。

散席后，许姬问楚庄王为什么不当场抓住那个人。

楚庄王笑着说：“今天这是庆功宴，大家都很高兴，喝多了之后，一时忘形也可以原谅。如果我真的追究起来，是能说明你的贞节，但是，弄得不欢而散，将士们会认为我太小气了，以后就不会为我出生入死。所以，这次就委屈你了。”

许姬听了，非常佩服。

后来，楚国和郑国打仗的时候，唐狡将军自告奋勇率领百余人充当先锋，为大军开路。他打起仗来非常勇敢，就像拼命一样，战无不胜，攻无不克，立下了赫赫战功。楚王见了，就要重重地奖赏他。

唐狡却惭愧地说：“大王不必重赏我，只要不治我的罪，我已经心满意足了。”

楚王很奇怪，就问为什么。

唐狡说：“上次就是我喝醉了酒，一时冲动拉了许姬袖子的，大王非但没有惩罚我，还替我隐瞒了过去，我感激不尽，所以，现在才舍命杀敌，来报答大王的恩德呀。”

楚王听了，非常高兴，还是重重赏了他。

哲理启示

酒后失态的将军犯的可是杀头大罪呀。但是楚庄王并没有严惩那

位将军，不仅饶恕了这位将军的罪过，甚至没有去追究这位将军到底是谁。楚庄王的大度让这位将军感激万分，最后他不惜为楚庄王去拼命！这是宽容的力量，它在给被宽容者温暖的时候，最终也会惠及宽容者本人。

我国古代有一个"六尺巷"的故事：两个官宦人家比邻而居，其中一家在修建院墙的时候，将墙垒过了一尺。另外一家见了非常不满，争吵一番之后也没有圆满的结果，吃亏的这家人就写信给在京城做大官的亲戚，让亲戚想办法摆平这件事。过了不久，收到了亲戚的回信，打开一看，上面写着：千里传书只为墙，让他三尺又何妨。万里长城今犹在，不见当年秦始皇。这家人看了非常羞愧，于是在自家垒墙的时候就悄悄往后挪了三尺，邻居见了也非常不好意思，也无声无息地把自己的墙拆掉，向后挪了三尺。这样两家之间就形成了一条六尺宽的巷子。从此以后，"六尺巷"也成了一段千古佳话。

宽容是一种美德，是一种智慧。学会宽容，我们的心境会更加开阔。和同学、朋友发生了争执，让他"三尺"又何妨呢？你的行为，别人怎么会视而不见？相互尊重，朋友之间的友谊也会更加深厚。

松开的鞋带

> 对于别人的好意，我们应该表达真诚的感谢，否则你可能会伤害一位关心你的人。

演出就要开始了，全场观众都在期待表演大师的精彩演出。表演大师重新整理了一下衣装，深呼了一口气，尽可能把自己调整到最佳状态。

这时，弟子慌慌张张地跑过来，说道："老师，您的鞋带松开了。"表演大师低头看了看，笑着说："可不是嘛，谢谢您的提醒。"说着大师蹲下来，仔细系好了鞋带。看到自己使老师避免了一个小错误，弟子感到非常高兴，他赶紧说道："不用客气，这是我应该做的，祝愿老师演出顺利。"

目送着弟子走开后，大师又蹲下来把鞋带松开了，凝神等待演出的开始。旁边的一位工作人员被大师的举动搞糊涂了，他不解地问："尊敬的大师，您怎么又把鞋带解开了呢？"大师回答道："因为我饰演的是一个长途奔波的旅行者，把鞋带松开可以更好地表现他的疲惫和劳累，我想这是一个很重要的细节。"工作人员又问道："既然如此，您为什么不直接告诉您的弟子呢？"大师笑着说："他能够细心地发现我的鞋带松了，并且热心地告诉我，这说明他十分在意我的表演。对于他的好意，我应该表示感谢，让他为自己的行为感到高兴。至于其中蕴涵的表演技巧，将来我还有很多机会教他表演，我可以下一次再说啊。"

哲理启示

表演大师松开鞋带是舞台表演的需要。虽然如此，大师并没有责怪弟子，相反弟子好心地提醒，赢得了大师真诚的感谢。看到弟子高兴的样子，你也一定会被大师的行为所感动吧。别人给予我们关心，我们应该给予对方感谢，让对方为此而感到高兴，这是我们应该做的，不是吗？

很多时候，别人热心却帮了倒忙，这常常会让我们感到恼火，甚至想大声地训斥对方。这种想法是不是正确呢？例如，星期天的时候，家里来了客人，因为爸爸妈妈不在，于是小明就扮演起了小主人的角色。他忙着为客人端茶倒水，这个时候邻居家的好朋友也兴奋地过来给他帮忙，他看好朋友一会儿给客人送上大苹果，一会儿又送上糖果，客人们纷纷夸奖好朋友懂事。赞扬更助长了他的热情，他非要把一杯热水给客人端过去，走着走着，一不留神摔倒在地上，结果水洒了客人一身，玻璃杯也摔碎了。小明见了气不打一处来，呵斥道："说过不要你帮忙，非要逞能，你看出事了吧！"朋友听了，感到非常委屈，爬起来就往家跑，从此再也不理睬小明了。你看，朋友虽然出现一些意外，但是他也是出于一片好意，不仅没有得到小明的安慰，还受到了责怪，好朋友之间出现了矛盾，这主要是怪小明不懂得感谢朋友的热心。

我们要吸取小明的教训，向表演大师学习，即使别人帮了倒忙，也要表示感谢，这样我们才不会遗憾地失去好朋友。

虔诚的神父

如果你期望摆脱目前的困境，那么当别人伸出援助的手的时候，你就应该积极去回应。

小镇发洪水了，大水迅速淹没了镇上的房屋，神父的小教堂也没有幸免于难。为了活命，神父爬上了教堂的顶端，嘴里不断地祷告："主啊，不要在这个时候抛弃我，快来救救我吧！"

一艘小船划过来了，船上的年轻人大声向神父喊道："神父快过来吧，洪水已经淹没半个教堂了，再晚就很危险了。"没想到，神父大声回应道："你还是去救别人吧，上帝会来救我的！"于是，小木船就从教堂旁边划过去了。

洪水越来越大，神父仍然不停地祷告，渐渐地水已经涨过了屋顶，冰凉的河水淹没了神父的脚面，死神的脚步声清晰可闻。这个时候一艘快艇飞驰过来，艇上的人大声呼喊道："神父快点上来吧，要不然真的来不及了！"虔诚的神父仍然装作一脸安详的样子，他平静地回答道："你们不要管我，快去救别人吧，上帝会来救我的。"于是，快艇也从神父的身边开走了。

神父继续虔诚地祷告，不一会儿洪水已经涨到了他的胸口，他强烈地感觉到死神已经抓住了自己的衣领。这时，天空中传来巨大的轰鸣声，一条绳索从直升机上垂落下来，飞机上的人大声说："神父赶紧抓住绳子，快上来，否则真的没救了！"没想到，神父依然坚定地回答道："你们还是赶紧去搜救其他的幸存者吧，上帝一定会来救我的！"于是，直升机只好飞走了。神父接着祷告，洪水依然在不断地上涨，终于洪水没过了神父的头顶，神父被淹死了，直到死亡的最后一刻，神父依然没有看到上帝的身影。

升入天堂以后，愤怒的神父见到了万能的上帝，大声质问道："上帝，你真是太不够意思了，枉费了我对你如此虔诚，为什么在我就要被淹死的时候不来救我？"只见上帝一脸安详地说："我的孩子，你真是太固执了。当洪水淹没了半个教堂的时候，我不是派了一艘小木船去救你了吗？你不上来；当洪水淹没屋顶，我不是派了一艘快艇去救你了吗？我的好意再一次被你拒绝了；当洪水没过你的胸脯的时候，我看到情况万分紧急，立即派了直升机来搭救你，你仍然不领情。我三次向你伸出援手都被你拒绝了，无谓的死亡是你自找的，又怎么能怪我呢？"

神父听了，哑口无言，原来上帝时刻就在身边，当他伸出援手的时候，却被自己不可思议地拒绝了，自己真是太愚蠢了！

哲理启示

洪水肆虐，形势越来越危急，虔诚的神父以上帝会保佑自己为由，3次拒绝了别人的好意，没想到这3次伸出援手的人都是上帝的化身，面对上帝的解释，神父也只能懊悔不已，叹息自己真是太愚蠢了。

我们都知道帮助别人是一种美德，有时候接受别人的帮助也是一种善良的表现，因为拒绝别人的善意，往往会伤害一颗善良的心。学校里有一位同学家庭条件非常不好，父母由于各种原因离他而去，他只能跟随年迈的爷爷一起生活。为了节省开支，他常常吃不饱饭。班长看到这种情况就号召大家为他捐款，同学们积极响应，纷纷把自己省下来的零花钱捐出来。然而，这位同学非常敏感，他把同学的友爱

看作是一种可怜与施舍。当班长把捐来的钱递给他的时候，他竟然把钱一把扔在了地上，并声称自己不是乞丐，不需要别人的施舍！一场有益的事以这样的结局收场，大家都感到非常尴尬，从此以后不知不觉间就和这位同学拉开了距离。

那位同学如果能放开胸怀，接受大家的帮助，去感受班集体的温暖，也会让集体更加团结。以这种方式去拒绝，伤害了同学们善良的心，也让自己更加孤立了，无论对谁恐怕都不是最好的结果。因此，当我们遇到困难而自己无力解决的时候，请不要拒绝别人的好意，感受友爱带来的温暖吧！

223

哥哥的心愿

得到别人的赠予，常常让我们感到快乐，其实给予比接受更让人感到快乐。

圣诞节的时候，保罗的哥哥送给他一辆新车作为礼物。圣诞节当天，保罗离开办公室，当他打算开着新车去兜风的时候，发现一个小男孩正呆呆地望着新车。看到保罗后，小男孩用十分羡慕的口吻问道："先生，这是您的车吗？"保罗点点头说："不错，这是我哥哥送给我的礼物。"小男孩满脸向往，语无伦次地说："噢，是您哥哥送给您的礼物，没有花您半毛钱？我真的希望自己也能……"

保罗笑着看着这个天真的孩子，理所当然地认为他要说自己也希望有一个能送他车子的哥哥。但是出乎意料的是，小男孩嘴里吐出的是："我真希望自己也能成为送车给弟弟的哥哥。"这句话让保罗对这个不同寻常的孩子产生了兴趣，"要不要坐我的车去兜风呢？"保罗向小男孩发出邀请。"当然愿意！"小男孩兴高采烈地坐上了车。

绕了一段小路后，小男孩满怀渴望地问道："先生，你可不可以把车子开到我的家门口？"保罗微笑着点点头，心想小男孩一定是为了向邻居们炫耀，让大家知道自己坐了一部这么漂亮的车子回家，满足一下虚荣心。没想到保罗又猜错了，只见小男孩"噔、噔、噔"跑上楼梯，不一会从楼上小心背下一位跛脚的弟弟。他把弟弟小心地放在车子的前座，兴冲冲地对弟弟说："你看，这辆漂亮的车子，就是

224

保罗先生的哥哥送给他的，将来我也要送一部这样的车子给你，到时候你就可以开着车子四处游览了。"小男孩陶醉地设想着自己的未来，而他的弟弟也听得如痴如醉。

　　这天傍晚，保罗先生和这对兄弟进行了一次愉快的兜风。通过这个小男孩的举动，保罗先生才真正体会到了什么是"给予比接受更让人感到快乐"。

哲理启示

　　在得知这辆漂亮的新车是保罗先生的哥哥送给他的圣诞礼物时，小男孩满脸羡慕的表情，他羡慕的不是得到新车的保罗先生，而是羡慕保罗先生的哥哥，羡慕他可以凭借自己的力量让弟弟感到幸福。很显然，与常人不同，小男孩明白这样一个更为深刻的道理：给予比接受更让人感到快乐！

　　现实生活中，我们扮演的常常是一个接受别人赠予的角色，比如：妈妈给我们做出可口的饭菜、爸爸会给我们买来漂亮的文具，爷爷给我们讲述精彩的故事，老师教给我们科学文化知识和做人的道理等等。这些赠予帮助我们健康快乐地成长，也让我们感到无比幸福。但是你有没有体验过给予他人的快乐呢？如果还没有，那么你不妨也去体验一下，其实这并不难做到。比如，当妈妈感到疲倦的时候，悄悄地送上一杯热茶，你会发现妈妈的脸上会浮现出欣慰的笑容；当爷爷生病的时候，为爷爷敷上一条热毛巾，你会发现爷爷眼中幸福的泪花；当有同学遇到难题的时候，伸出援助的手，你会得到同学真诚的感谢……在做这些事的时候，你给别人带来了快乐，自己也会更加快乐。

不能弯曲的胳膊

没有人可以不依靠别人而独立生活，这本来就是一个需要相互扶持的社会。主动伸出手，你会有意想不到的收获。在人生的道路上，我们需要和别人相互扶持，互相帮助。

从前有一个非常自私的孩子，他对谁都漠不关心。即使是在自己举手之劳就可以帮助别人解决问题的情况下，他也不愿意伸出援助之手。他经常挂在嘴边的口头禅就是："做这件事情，我有什么好处？"正是因为他的自私，所以他几乎没有什么朋友，但是对此他好像并不在意，觉得这样也落得自由自在。

一天晚上，这个孩子做了一个奇怪的梦。梦中他来到了一栋两层楼的房子里。进入第一层楼的时候，他发现在房间的中央摆放着一张长长的桌子，桌子四面围满了面黄肌瘦的人们，而桌子上却满满地摆着各种美味佳肴。从这些人的面部表情上来看，他们很想大吃一顿，但是奇怪的是他们只是大口大口地咽着口水，却谁也不动手。原来，这些人都被施了魔法，手臂变成了直的，完全不能弯曲了，所以即使是满桌珍馐佳肴，他们也不能夹到口中，只能愁容满面地坐在那里。看到这种情况，这个孩子也感到完全没有办法，甚至觉得这满桌的美味对于他们来说也是一种折磨。

这个时候，从楼上传来了一阵阵欢笑声，还伴随着筹觥交错的叮当声，循着声音，这个孩子拾级而上。眼前的一幕让他感到十分吃惊，

二楼上的情景和一楼的大同小异，也是一张长长的餐桌，满桌的美味，周围围坐着被施了魔法的人们。但是这里的气氛却很热闹，原来虽然每个人的手臂都不能弯曲，但是却可以为自己对面的伙伴夹菜，这样互相帮助，结果大家吃得非常愉快。魔法师所施的魔法不仅没有成为障碍，反而更增加了大家进餐的趣味。这个孩子被二楼温馨而热闹的景象感动了，他领悟到人们之间的互相帮助是多么的重要，如果大家都不愿意伸出自己援助的手，那么整个社会就像一楼的情景一样，即使有近在眼前的美食，人们也只能饿着肚子，这实在是一种悲哀！

梦醒以后，这个孩子重新审视了自己的生活。他开始为自己以前的做法感到惭愧了，还好现在发现并不太晚，他已经知道自己以后该怎样去补救了。

哲理启示

大海的广博和浩瀚，是由无数水滴所成就的；山川的翠绿多姿，是无数的草木共同渲染的。我们都是集体中的一员，只有我们互相帮助、互相扶持，才能形成温暖、和谐的集体。

一楼被施了魔法的人们，面对美味佳肴，却只能望而兴叹，却不懂得通过帮助别人来帮助自己。二楼的人们同样被施了魔法，他们互相帮助，吃得有滋有味。一楼和二楼的人们都是一个小集体，一楼的集体冷漠，二楼的集体则很温馨，你所在的集体是什么样的呢？想要创造一个温馨的集体，你首先要伸出自己友谊的手。

现在大多数小朋友是独生子女，在家里全家人都围着自己转，久而久之就养成了不懂得尊重他人、不会为他人着想、以自我为中心的坏毛病。有了这样的心理，在集体生活中就处处感到不顺心，与他人建立和谐的关系是我们健康成长的前提，我们只有主动地和伙伴们友好地相处，才能感到集体的温暖。

良种小麦

很多时候，你在帮助别人的同时，也是在帮助你自己。
当你的爱心照亮别人的时候，同时也会让自己更加灿烂！

有一个村子，村民们大多以种植小麦为生。每到小麦丰收的季节，麦田里翻滚着金黄的波浪，空气中发散着诱人的香味，摘一个新成熟的麦穗，把一粒粒饱满而新鲜的麦粒放进嘴里嚼，筋道而香甜，每当这个时候村民的脸上都洋溢着丰收的喜悦。

可是近年来不知道是怎么回事，小麦的产量一年不如一年，大家看在眼里是急在心里。村民文生也不知道怎么办才好，他就到邻村去找哥哥想办法。

文生愁眉苦脸地向哥哥武生说明了情况，希望哥哥能给他出个好主意。哥哥小心翼翼地翻出一袋麦种交给弟弟，神秘兮兮地说："这是我从外地托人捎来的良种小麦，听说产量还不错，你别种以前的了，种这个保证没错。"

文生问道："现在你们村都种这种小麦吗？"哥哥压低声音说："这可是我好不容易才得到的小麦种，别人怎么会有呢，你拿回去自己种，不要对别人说，没必要让别人沾我们的光。"文生拿着优良的小麦种，总觉得自己一个人独享不合适，但是又不好对哥哥说什么，就默默地回去了。

回到村子以后，文生没有照哥哥说的做。他召集来乡亲们，说了良种的事情，并当场把小麦种分给大家，以帮助大家共同渡过难关。文生的举动让大家非常感动，村民们立即行动起来，有的人开渠为麦田引水，有的人为麦田找来充足的肥料，有的人则负责纪录麦苗的生长状况。一有空闲，大家就聚在一起，商量怎样种好良种，希望能够通过大家的共同努力来争取一个大丰收。

时间过得很快，转眼间小麦成熟了。良种小麦不负大家的期望，果然个个颗粒饱满，大丰收已经是板上钉钉的事了，往日的笑容又回到了村民的脸上。

一天，哥哥武生来找文生，他一连苦相地说："不知道怎么回事，良种小麦在我的地里种就不行了，产量差得很。听说你今年的产量不错，有什么秘诀没有，快告诉我。"文生把自己将种子分给大家种的事情告诉了哥哥，他也不知道为什么哥哥种就不行了。

村民们听到武生遇到了难题，都纷纷过来帮他出主意，一位年长的老爷爷问武生："你们村是不是人人都种这种小麦呢？"

"只有我一个人种。"

"其他人的产量都怎么样。"

"大家都差不多。"

"这样看来，原因就很明确了。"老爷爷看了看武生说道，"武生啊，你的小麦是良种，但是别人的不是，春天的时候，蜜蜂把普通小麦的花粉传播到了你的优良小麦上，所以你的收成不如想象中的那么好。而文生则不同，他把种子分给大家，全村都是良种小麦，所以产量才这么好啊。"

哲 理 启 示

很多人为找不到快乐和幸福而苦恼不堪，其实找到快乐幸福并不

是一件非常困难的事，只要我们能敞开心胸，懂得与人分享，那么快乐和幸福往往就会不请自来。

同样拥有良种小麦，哥哥和弟弟的做法完全不同，哥哥把小麦种藏着掖着，生怕别人占了他的便宜。而弟弟却主动把小麦种拿出来与大家分享，与大家一起渡过难关。结果，哥哥没有得到想象中的丰收，而弟弟却获得了大丰收。原来，只有大家的种子都是良种小麦，所谓的良种小麦才能发挥出它的优势。

我国古代先哲孟子曾说过：独乐乐不如众乐乐。意思是：如果仅仅是自己一个人快乐，还不如让大家都快乐，因为只有大家都快乐，你一个人的快乐才更有价值，你自己才会笑得更加灿烂。大家想一想，孟老先生的话是不是很有道理呢？我们在帮助别人的时候，是不是自己也感到特别高兴呢？比如，你帮助妈妈把房间打扫得一尘不染，是不是特别有成就感，觉得自己长大了呢？探访敬老院，为爷爷奶奶们表演节目，看着他们笑逐颜开，你的心里是不是也美滋滋的，觉得自己对社会是有用的、是有价值的呢？

因此，我们无论是在学习上还是生活中，当别人遇到了困难的时候，一定要伸出自己友善的手。因为，我们在帮助别人的同时，自己也收获了很多，这就是所谓的"助人是快乐之源"的道理了。